U0155799

GeGebra
在物理教学中的应用

范 波／著

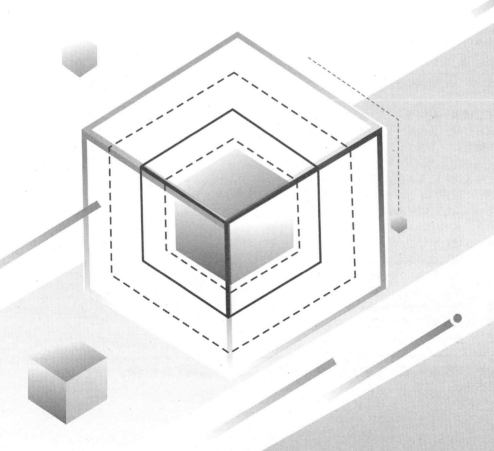

SPM 南方传媒 | 广东人民出版社

图书在版编目（CIP）数据

GeoGebra 在物理教学中的应用 / 范波著. -- 广州：
广东人民出版社, 2024. 6. -- ISBN 978-7-218-17672-7

Ⅰ. O4-39

中国国家版本馆 CIP 数据核字第 202467222F 号

GeoGebra ZAI WULI JIAOXUE ZHONG DE YINGYONG
GeoGebra 在物理教学中的应用

范 波 著

出 版 人：肖风华

责任编辑：马妮璐
责任技编：吴彦斌
装帧设计：品诚文化

出版发行：广东人民出版社
地　　址：广东省广州市越秀区大沙头四马路 10 号（邮政编码：510199）
电　　话：（020）85716809（总编室）
传　　真：（020）83289585
网　　址：http://www.gdpph.com
印　　刷：北京建宏印刷有限公司
开　　本：700mm×1000mm　1/16
印　　张：16.25　　字　　数：291 千
版　　次：2024 年 6 月第 1 版
印　　次：2024 年 6 月第 1 次印刷
定　　价：88.00 元

如发现印装质量问题，影响阅读，请与出版社（020-85716849）联系调换。
售书热线：（020）87716172

序　言

随着信息技术的发展，数值计算与模拟已广泛应用于众多行业和领域。由于许多数学、物理问题无法直接得到解析解，人们很早就开展了数值计算方法研究，例如著名的秦九韶算法、牛顿插值法等。虽然数值计算只能得到问题的近似解，但因其能很好地控制误差，因而成为科学研究的重要手段。

随着算法研究的深入及计算能力的提高，人们开始利用数值计算模拟与仿真复杂系统，各种专业的数值计算软件也相应出现，例如 COMSOL、AN-SYS 等，均已成为物理、化学、材料、医药、工程等多学科研究的重要工具。特别是近年来超级计算机技术的发展，使计算能力得到极大提高，数值模拟与仿真的应用范围也相应得到极大的拓展。2019 年公布的世界最快超级计算机"顶点"计算能力已达到每秒 14.86 亿亿次。这种超强的计算能力，使数值计算与模拟技术的应用范围从传统的科学研究领域，拓展至工程设计、材料合成、天气预测、药物研发、虚拟现实、影音特效等各种行业。

数值模拟与仿真技术在物理教育领域同样可以发挥重要作用，然而目前其应用得并不普遍。虽然一些教学辅助软件可以制作教学动画，还可采用专业的绘图软件来制作教案等，但这些并非严格意义上的数值模拟仿真。专业的数值模拟仿真软件与绘图软件最大的区别在于，其绘制的所有图形、图像及其动态演变过程都基于严格的数学或物理模型与系统的初始参数。这些图形图像不会因授课者对物理概念的理解不同而不同，甚至可以纠正授课者对某些物理概念的错误理解。数值仿真软件还可以通过更改系统参数得到教科书中没有的物理图像，用数值模拟描绘抽象的物理量，用数值计算方法验证物理定理，用数值仿真展示物理过程。专业的数值仿真软件还可以辅助知识难点的讲解，用数值计算来演绎一些物理规律，或用数值仿真平台来开展物理实验教学等。

范波老师撰写的这本书在将专业数值模拟仿真软件 GeoGebra 引入物理教学方面进行了有益的尝试，对于数值模拟仿真软件在物理教学中的应用和推广具有一定的开拓性意义。范波老师在本书中介绍了 GeoGebra 软件的特点及其适用范围，详细说明了软件功能、各种工具，讲授了与操作方法，为该软件的初学者提供了非常具体的指导。更重要的是，范老师身处中学物理教学一线，拥有丰富的教学经验，针对 GeoGebra 软件的高级功能，相应给出一系列的物理模型示例，对应中学物理知识学习的一些重点难点，这对中学物理教师使用 GeoGebra 进行相关教学设计有莫大的帮助。全书图文并茂，文字平实易懂，可读性强。即使读者从未接触过类似的数值模拟仿真软件，也能跟着书中的指引，建立物理模型。

综上，数值模拟与仿真应用于物理教育中意义重大，它可使抽象的物理问题具体化、复杂的物理过程直观化，有利于学生探索新的物理现象，还能通过数值仿真代替部分实验验证某些物理规律。当然，数值仿真也不是万能的，如何将数值仿真很好地融入教学中，发展基于数值模拟的新教学模式，而不是仅停留在课件制作层次，值得进一步思考。相信这本书能够如范波老师所愿，促进更多的教育工作者将数值模拟与仿真技术应用于物理教学活动，丰富教学手段，进一步提升教学效果。

华南师范大学物理与电信工程学院

韩　鹏

2020 年 2 月于广州

前　言 GeoGebra＝Geometry+Algebra

　　数与形本是相倚依，怎能分作两边飞，数缺形时少直观，形少数时难入微。数形结合百般好，隔离分家万事休。切莫忘，几何代数统一体，永远联系，切莫分离。

——华罗庚

　　寥寥数语，华罗庚先生便把"数形结合"的思想精髓完整描述。数是严密精确的，形是直观形象的，几何与代数在数形结合的思想里是不可分割的整体。

　　随着信息技术的发展，以数形结合为核心思想开发出来的数学软件也越来越多，如几何画板、超级画板等，这些数形结合的软件在科学研究与教育教学中起到了非常大的推进作用。

　　近几年，一款为名为"GeoGebra"的数学软件颇受重视，该软件最早是由奥地利的数学家霍恩沃特（Markus Hohenwarter）开发的一套动态几何免费软件。现在，全世界有很多开发者加入了 GeoGebra 的研发队伍。

　　"GeoGebra"一名取自"几何"英文单词"Geometry"与"代数"的英文单词"Algebra"的组合，它集几何、代数、表格、绘图、统计、财务等多种功能于一身，且简单易用。GeoGebra 提供多种语言支持，包括支持中文指令，其指令系统还在不断地丰富和更新，很多华人数学家、程序员与教育工作者也在为该软件的发展与普及贡献力量。该软件有数以亿计的用户，是全球动态数学软件的领头军之一。

　　GeoGebra 提供在线编辑功能，可以使用电脑、手机等设备直接在网上进行设计与开发，还提供了可以自主选择下载的功能模块，安装后即可离线使用。各功能模块下载地址是：www. GeoGebra. org/download，目前可下载并安装将各种数学功能捆绑在一起的"GeoGebra 经典 6"或者"GeoGebra 经典 5"软件包，如图 1 所示。

图 1

　　GeoGebra 软件的数学功能很多，如二维和三维作图、计算、函数、向量运算、积分求导、表格工具、概率统计等，这使 GeoGebra 软件不但在数学领域有大量的用户，在工程、技术等其他领域的用户也越来越多。

　　"GeoGebra 经典"版本（5 或 6 均可）下载安装后，软件的运行界面如图 2 所示。

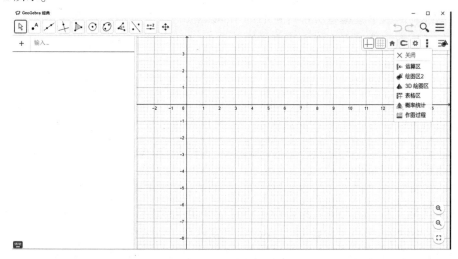

图 2

　　用 GeoGebra 构建研究对象时既可以用几何工具，也可以用代数指令。比如要完成创建一个点的任务：

　　几何工具创建：点击工具栏"⊡"，在坐标系中合适的位置点击鼠标左键即可。

代数指令创建：在左侧的代数输入区输入栏内输入"A＝(2，3)"，即可创建一个坐标在（2，3）的 A 点。

GeoGebra 能在 windows、android、MAC、linux 等各种系统里自由运行，用户之间容易共享与交流。

GeoGebra 在物理学领域的应用同样相当出色。物理学研究物质的作用规律与运动规律，数形结合会具体化为物理量之间的函数与图像的对应关系，其数据处理能力和计算能力也能为物理学研究提供强大的支撑。

现在，GeoGebra 软件的使用者多数集中在数学领域，中文相关书籍与系统资料也比较少。笔者作为一名物理教师，希望有更多的物理教师与物理爱好者学会使用这个软件，于是，笔者把自己使用这个软件过程中形成的一些方法与心得整理成集。

为了便于阅读，本书的写作有以下四个特点：

第一，尽管用到了很多 GeoGebra 的功能与指令，但本书不是一本非常系统的 GeoGebra 使用教程。GeoGebra 的官网中提供了该软件的使用教程、手册和交流论坛，可直接登录官网，也可在软件主菜单中提供的入口进入官网，如图 3 所示。网络上也有很多与 GeoGebra 相关的资料和视频，这些资料凝聚着很多的灵感与智慧，值得我们学习与借鉴。

图 3

第二，本书所有的物理模型示例是基于"GeoGebra 经典"软件平台制作的，按照操作提示可在计算机中复现，制作过程中使用的指令大多为中文指令，便于我们理解与掌握。如果想使用英文指令，可以在网络上搜索资料，也可以利用系统提供的"指令帮助"进行中、英文指令对照学习。学习软件，要在操作中学习，在操作中思考，在操作中提高。

第三，GeoGebra 软件在不断地更新，功能与指令也不断在丰富。指令的名称和功能有可能因为版本的更新发生变化，请读者注意软件的更新情况。

第四，物理示例取材是根据软件功能的学习需要选择的，没有考虑物理学科体系的完整性，也没有很好地考虑 GeoGebra 软件的系统性。

需要强调的是，GeoGebra 软件的初始版本语言为英语，即使是汉化版本，输入命令和参数时也大多需要使用半角符号，而字母则不需要使用斜体。为更好地引导读者使用该软件，本书中涉及向输件输入内容的，汉字、英文字母和标点等均采用与软件要求一致的样态。

本书编写的指导思想是学以致用，循序渐进，利用实际任务驱动学习过程。本书的每一章的应用示例都比较简单，基本上对应着 GeoGebra 的一个软件功能，章节之间学习内容比较独立。

希望本书能帮助感兴趣的读者迅速了解 GeoGebra 这个动态数学软件，掌握其在物理学领域应用的基本方法。本书较适合中学物理教师或者师范院校相关专业的学生阅读参考，也可以供物理学爱好者或者 GeoGebra 爱好者阅读参考。

笔者水平有限，本书的不足、不当之处，请各位读者批评指正。

范波

2020 年 2 月

目 录
Contents

第 1 章　GeoGebra 中的典型几何工具

GeoGebra 提供了较丰富的几何作图工具，初学者用这些几何工具就能顺利地进行几何对象的构建。本章主要学习一下"线""关系线"和"测量"的使用方法。

点击主程序图标"⬡"启动 GeoGebra，进入默认软件的运行界面。点击右上角的"⋮"图标，会弹出功能区菜单，使用者可以根据需要选择对应的功能区并使其呈现在屏幕的主界面中。默认显示是左侧是"代数区"，右侧为"绘图区"。如图 1-1 所示。

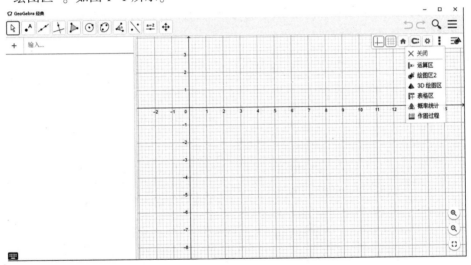

图 1-1

左侧为"代数区"，可以输入指令、表达式、函数、对象参数等。

右侧为"绘图区"，系统默认为平面直角坐标系，可以将函数关系呈现为相应的几何图形。

上方为几何工具栏。不需要代数指令，选择相应的功能就可以快捷地构建点、线、面等各种几何对象。

1.1 "移动" 与 "点" 工具的基本使用方法

1.1.1 "移动" 工具的基本使用方法

"⯈" 为移动图标，可选择或者拖动几何对象，若要同时选择多个对象，则需要按住鼠标右键进行框选。在该工具的选择框中还提供了 "画笔" 与 "智能画笔" 功能。如图 1-2 所示。"画笔" 可以任意涂鸦，"智能画笔" 则可以根据已画的图形形状，猜测最终图形或者想表达的函数关系。

图 1-2

1.1.2 "点" 工具的基本使用方法

"⯈" 为 "点" 工具图标，能提供各种描点功能，如构建独立的点、在几何对象上构建需要的点、让某个点与几何对象附着或者脱离等。如图 1-3 所示。

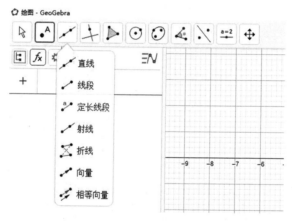

图 1-3

1.1.2.1 "描点" 工具

选择点 "⯈" 图标，点击鼠标左键就能在坐标系中创建一个自由点。也可在代数输入区输入代数指令 "A = (x, y)"，创建一个名称为 A，坐标为 (x, y) 的点。

1.1.2.2 "对象内的点" 工具

该工具用于创建一个被某个对象约束的点，如利用多边形工具先制作一个多边形。选择"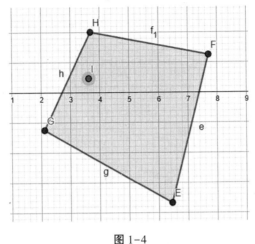"图标,在多边形内点击鼠标左键会创建一个点,但这个点只能在多边形内部和边界上运动,不能移动到其他区域。如图 1-4 所示。"对象内的点"也可以通过代数指令完成创建,如在代数输入区输入"H = 内点(P1)",指令含义是在多边形 P_1 内建构一个名为 H 的点。

图 1-4

1.1.2.3 "附着/脱点"工具

选择该功能,可以实现控制某个点在"自由点"与"约束点"之间进行转换。如图 1-5 所示,在坐标系中构建一线段 AB 和一个自由点 C。选择"附着/脱离点"功能,按住鼠标左键,移动 C 点至线段 AB 上,当 AB 变成阴影状态时松开鼠标,C 点就会附着在线段 AB 上,只能在线段 AB 上移动位置。反之,可将 AB 上的约束点脱离 AB 线段的约束,变成可在坐标系中自由移动的点。

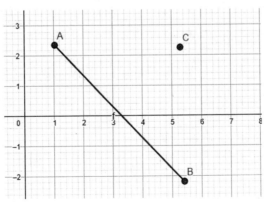

图 1-5

1.1.2.4 交点工具

交点工具能确定两个几何对象的交点及其坐标，这个功能在物理学中的应用很重要。图像出现交点，意味着不同的研究对象在图像交点处于某同一状态，这是解决物理问题的重要条件。

如在坐标系中一条直线与圆相交，如图 1-6，要找出两个图像交点的坐标。可以用两种方法实现：

方法一：选择"╳交点"功能，然后点击圆与直线，系统会马上显示出交点位置并进行自动命名（按照英文字母的顺序进行命名），如图 1-7。若要显示交点的坐标值，可在交点上点击鼠标右键，在弹出的属性设置菜单中点击"设置"，在"显示标签"下拉菜单中选择"名称与数值"即可，如图 1-8 所示。

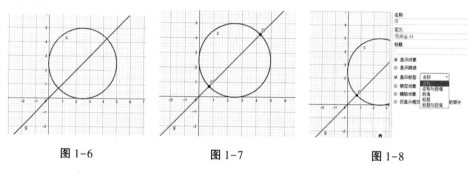

图 1-6   图 1-7   图 1-8

方法二：每个对象都有名称，若创建者不命名，系统就会自动命名。每个对象都可以进行"重命名"设置，按照需要修改对象的名称。上图中直线的名称为"g"，圆的名称为"c"，直接在代数输入区输入"交点（g，c）"，也可以得到圆与直线的两个交点。

注意：在代数区输入指令，要在英文输入状态下输入符号。

1.1.2.5 "中点/中心"工具

该功能可以找出线段或已知两点之间的中点，也可以找出圆弧、半圆、椭圆或者多边形的中心。

利用几何工具，选择"⊡"功能，点击研究对象获得中心。若是找两点之间的中点，需要依次点击这两个点。

同样也可以通过代数指令实现，如在代数输入区输入"中点（c）"即可找到图 1-9 中的中心 E 点，圆弧的中心其实就是圆心。若是用指令找多边形的中心，如多边形 t_1 的中心，指令是"形心（t1）"。

在坐标系中构建了几个几何对象，利用"中点/中心"功能找到了它们的中点或者中心。如图 1-9 中的 *S*、*V*、*E*、*L*、*I*、*P* 几个点就是相应几何对象的中点或者中心。

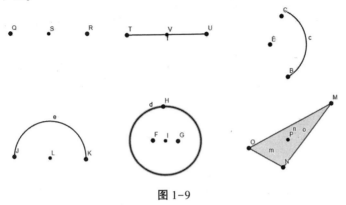

图 1-9

1.1.2.6 "极值点"与"零值点"

如图 1-10，在代数输入区输入 "2x^3+4x^2+x-1"，绘图区将绘出该函数的图像。

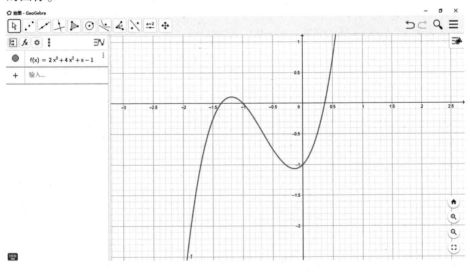

图 1-10

选择极值点工具 "$\boxed{\wedge}$" 后点击函数图像，得到函数的极值点 *A*、*B*，如图 1-11 所示。选择零值点工具 "$\boxed{\wedge}$" 后点击函数图像，得到函数的零值点 *C*、*D*、*E*，如图 1-12 所示。

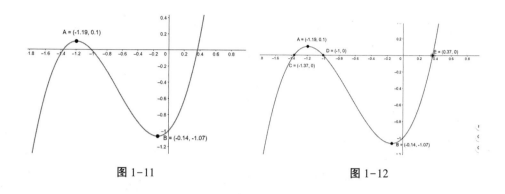

图 1-11   图 1-12

1.2 "线" 工具的基本使用方法

"✎" 是线工具图标，工具组提供了画折线、直线、射线、线段、向量及相等向量等的作图功能。

相关线 "🗗" 工具组提供了画垂线、中垂线、平行线、角平分线、切线、最佳拟合直线、极线/径线、轨迹等作图功能。

1.2.1 "线" 工具

如图 1-13，"线" 工具菜单中包括"直线"等 7 种几何作图功能。下面分别简要介绍这些几何工具的基本使用方法。

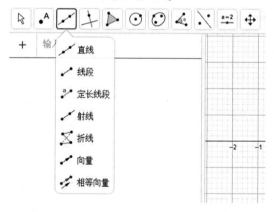

图 1-13

1.2.1.1 "直线" 工具

"直线" 工具使用的基本方法是利用坐标系中的两个点确定一条直线。一种方式是利用坐标系中的两个已知点，选择 "✎" 功能，依次点击这两个已知点即可确定一条直线，如图 1-14 所示。若没有设置已知的两个点，也可以直接选择"　"功能，在坐标系中合适的位置点击鼠标左键两次，可确定一条直线，如图 1-15。也可以在代数输入区输入代数指令："直线（A，B）"，软件便会在绘图区作出过 A、B 两点的直线。

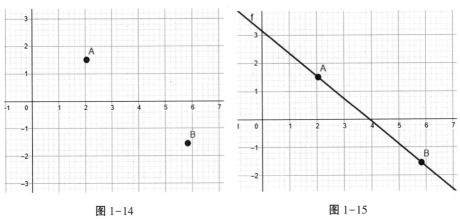

图 1-14　　　　　　　　　　　　　　图 1-15

1.2.1.2 "线段"工具

"线段"工具使的基本方法是利用坐标系中的两个点确定一条线段。一种方式是利用坐标系中的两个已知点，选择线段"　"功能，依次点击这两个已知点即可确定一条线段，如图 1-16 所示。若没有设置已知的两个点，也可以直接选择"　"功能，在坐标系中合适的位置点击鼠标左键两次。也可以在代数输入区输入代数指令"线段（B，C）"，如图 1-17 中的线段 BC。

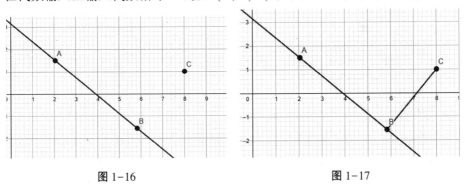

图 1-16　　　　　　　　　　　　　　图 1-17

1.2.1.3 "定长线段"工具

从数学上易理解，到已知点为定长的点是一个集合，是以该已知点为圆心，定长为半径的圆周。

选择"[图标]"定长线段功能，点击已知点，如图 1-18 中的 A 点。再在弹出的对话框中输入定长的长度，即可得到图示的定长线段 f，如图 1-19。移动 B 的位置，A、B 之间的距离总保持定长"7"不变。

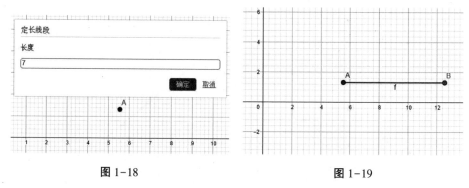

图 1-18　　　　　　　　　　　　　　　　图 1-19

在 B 点上点击鼠标右键，勾选"动画"和"显示踪迹"命令，如图 1-20。随着 B 点的移动，可观察到 B 到 A 点距离为定长的点的集合是一个圆周，如图 1-21 所示。

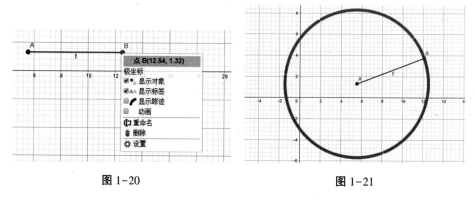

图 1-20　　　　　　　　　　　　　　　　图 1-21

若采用指令完成定长线段，在代数输入区输入"描点（圆周（A, 7））"即可。

1.2.1.4 "射线"工具

"射线"功能与"直线"功能使用方法类似，不再赘述。

1.2.1.5 "折线"工具

折线功能可以将需要研究的点以折线的方式进行连线。方法是按照顺序点击需要的点，最后要点击第一个点才算结束作图。若使用代数指令作折线图，则在代数输入区输入"折线（A、B、C、E、D、F）"即可。如图 1-22。

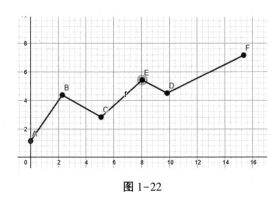

图 1-22

1.2.1.6 "向量" 工具

向量也就是物理学里的矢量，矢量运算遵循平行四边形法则，该功能在物理学中的应用特别重要，后面有专门的章节进行讨论学习。

选择 "☑" 向量功能，按顺序点击坐标系中已知的两个点，如图 1-23 中的 A、B。也可以直接在坐标系的不同位置点击两次鼠标左键，如图 1-23 中的向量 v，系统会自动对几何对象命名。

若使用代数指令，则在代数输入区输入 "向量（A, B）" 即可。若输入 "向量（B）"，则默认该向量的起点为坐标原点，如图 1-24 中的向量 w。

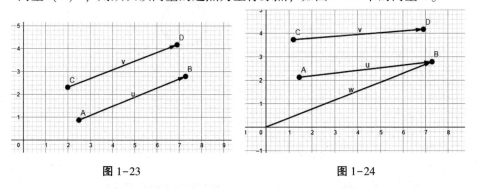

图 1-23　　　　　　　　　　　　图 1-24

1.2.1.7 "相等向量" 工具

过某点，创建一个和已知向量始终相等的向量。选择 "☑" 相等向量功能，如图 1-25，点击 D 点再点击矢量 u，则可得到过 D 点，且与 u 相等向量 v。

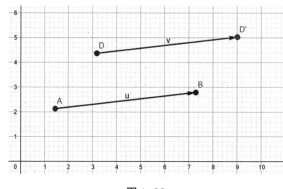

图 1-25

若矢量 *u* 变化，*v* 同步变化。下面我们演示 *u* 与 *v* 的同步变化情况，在 *B* 与 *D* 处点击鼠标右键，在弹出的属性设置菜单中勾选"显示踪迹"，再让 *B* 点通过"☑"工具附着到一个辅助圆上，启动 *B* 点动画就可动态改变矢量 *u*，观察矢量 *u*、*v* 的变化。如图 1-26 所示。

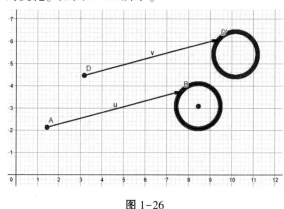

图 1-26

1.3 二维平面"相关线"工具的基本使用方法

相关线"⊞"工具的主要功能是对已知几何对象进行应用，可以用"相关线"工具作出已知几何对象的垂线、切线、角平分线等，其功能如图1-27 所示。下面对几种常用的相关线进行学习。

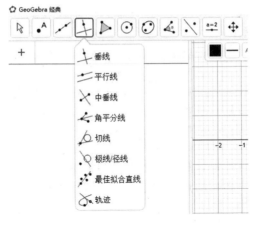

图 1-27

1.3.1 垂线工具

垂线 " $\boxed{\perp}$ " 功能可以作出已知直线、射线、线段、向量的垂线。若已知垂足，先点击已知线上的垂足，然后再点击相关线对应指令即可。若不确定垂足位置，点击已知线后左右移动鼠标，垂线随光标移动，在合适的位置点击一下鼠标即可确定垂足位置。

如在代数输入区输入 "2x"，就能得到 "$f(x) = 2x$" 函数图像 f，如图 1-28 所示。

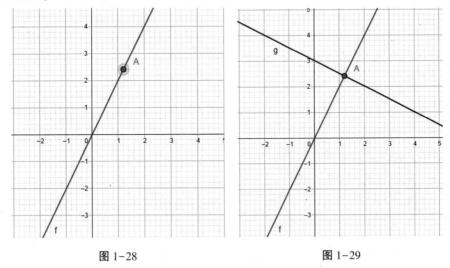

图 1-28　　　　　　　　　　图 1-29

用 "点工具" 在其上创建一个点 A，再选择 "线工具" 的 " $\boxed{\perp}$ " 垂线功能，依次点击 A 点与直线 f，即可得到过 A 点直线 f 的垂线，如图 1-29 所示。

若采用代数指令完成，则在代数输入区输入"垂线（A，f）"，指令含义是过 A 点作直线 f 的垂线。

二维空间射线、线段、向量作垂线的方法与上述作直线垂线的方法类似，不再赘述。

1.3.2 平行线工具

平行线"▱"功能可以作出已知直线、射线、线段、向量的平行线。选择平行线功能，若已知平行线要过的点，则先点该点，然后再点击相关线即可。若不确定平行线要过的点，可以点击已知线后移动光标，已知线的平行线也随之移动，在合适的位置点击一下鼠标即可确定平行线的位置。

也可以在代数输入区输入"2x"，得到"$f(x) = 2x$"函数图像 f。用"点工具"在其旁边创建一个点 A，如图 1-30 所示。

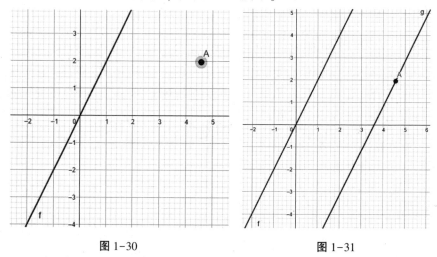

图 1-30　　　　　　　　　图 1-31

选择"线工具"的"▱"平行线功能，依次点击 A 点与直线 f，即可得到过 A 点的直线 f 的平行线，如图 1-31 所示。

若采用代数指令完成，则在代数输入区输入"直线（A,f）"，指令含义是过 A 点作直线 f 的平行线。

二维空间射线、线段、向量作平行线的方法与上述作直线平行线的方法类似，不再赘述。

1.3.3 中垂线工具

中垂线"⟨×⟩"功能为作出已知线段的中垂线，也可以在没有连线的两点之间作一条中垂线。选择中垂线功能后，点击线段或者依次点击两个已知点即可，如图 1-32 所示。

在代数输入区分别输入"中垂线（f）"，"中垂线（C，D）"，也可以得到图示的中垂线 g 和 h。

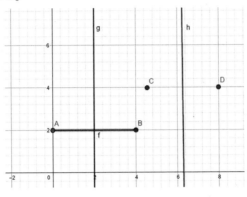

图 1-32

若是三维空间，如 AB 线段就会属于无穷多个平面，中垂线就有无数多条，二维平面默认中垂线在 x-y 平面内。

中垂线是应用对称思维分析问题的重要辅助线，在物理学中有广泛的应用。

1.3.4 角平分线工具

角平分线"⛬"功能可以作出两条直线或者线段之间夹角的角平分线，点击两条已知的直线，会作出两直线夹角对应的两条角平分线。如图 1-33 所示，虚线表示的就是角平分线。

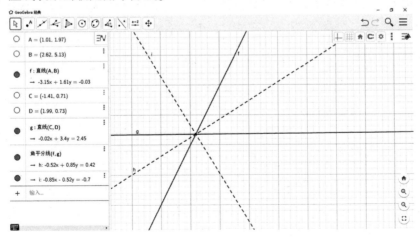

图 1-33

该工具也能作出三点夹角的角平分线，如图1-34所示。

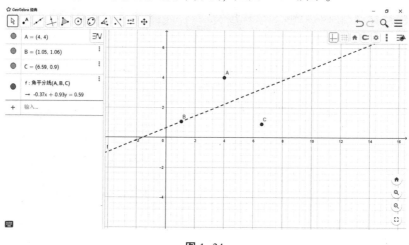

图 1-34

若采用代数指令完成，则在代数输入区输入"角平分线（f, g）"或者"角平分线（A、B、C）"即可完成角平分线的绘制。

1.3.5 切线工具

无论是函数曲线，还是圆、抛物线、双曲线等圆锥曲线都可以用此工具，过某个点作所要研究曲线的切线。

1.3.5.1 点在曲线上，过该点作曲线的切线

如用椭圆工具"⊙"创建一个椭圆。选择切线"⊿"功能，依次点击椭圆上的 C 点与椭圆曲线，就可以得到椭圆过 C 点的切线 f。如图1-35所示。

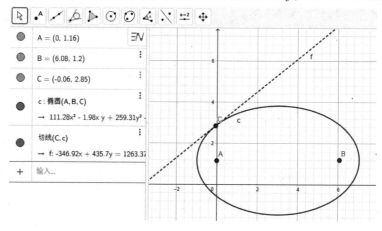

图 1-35

若用代数指令完成，则在代数输入区输入"切线（C, c）"，指令含义是过椭圆 c 上的 C 点作切线。

1.3.5.2 确定曲线上斜率为定值的切点位置

如已知某条直线或者线段，如图 1-36 中的线段 g，在椭圆 c 上作出与 c 相切且与线段 g 平行的直线，选择切线"⬚"功能，依次点击椭圆 c 与线段 g，就可以得到椭圆的两条切线 h 和 i。

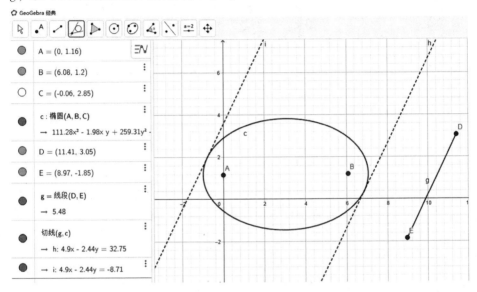

图 1-36

若用代数指令完成，则在代数输入区输入"切线（g, c）"，指令含义是在椭圆 c 上作平行于 g 的切线。

1.3.5.3 公切线工具

若两个几何对象存在公切线，选择切线"⬚"功能，依次点击两个几何对象，如图 1-37 中的椭圆 c 和圆 d，就可以得到椭圆和圆的内、外四条公切线。

若用代数指令完成，则在代数输入区输入"切线（c, d）"，指令含义是作出几何对象 c、d 的公切线。

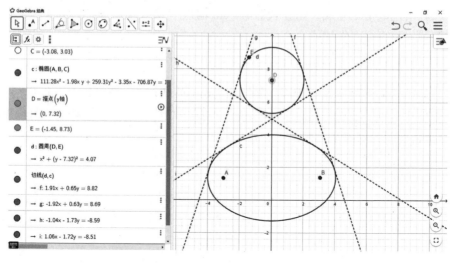

图 1-37

1.3.6 最佳拟合直线工具

该功能可将多个数据点进行线性拟合，得到一条直线，从而揭示这些数据点之间的数量关系。如在坐标系中创建了 A—F 六个点，对这六个点进行线性拟合。如图 1-38 所示。

选择最佳拟合直线 "" 功能，按住鼠标右键，框选这六个点，即可得到线性拟合直线 f。如图 1-39 所示。

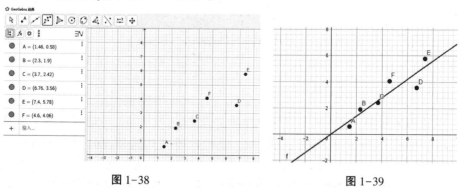

图 1-38   图 1-39

若用代数指令完成，需要理解序列的意义，后有专门章节讨论。

1.3.7 轨迹工具

1.3.7.1 建构一个椭圆

以椭圆内的特殊点为例，绘制它们的轨迹。

如图 1-40 所示，在坐标系中利用椭圆工具"⊙"建构一个焦点为 A、C 的椭圆 c。

在椭圆上利用"点"工具建构一个动点 H，连接 HA，HC，HE，构建三条线段，再利用"点"工具中的中点"⊡"功能，得到三条线段的中点 F，I，G。

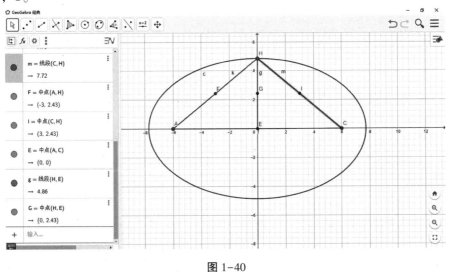

图 1-40

1.3.7.2 选择轨迹"⊠"功能，作出 F、G、I 三点的轨迹

点击 F 点与 H 点，得线段 HA 的中点 F 随 H 点在椭圆轨道上运而形成的运动轨迹 loc1。

点击 G 点与 H 点，得线段 HE 的中点 G 随 H 点在椭圆轨道上运而形成的运动轨迹 loc2。

点击 I 点与 H 点，得线段 HC 的中点 I 随 H 点在椭圆轨道上运而形成的运动轨迹 loc3。

如图 1-41 所示。

若用代数指令完成，则在代数输入区分别输入"轨迹（F, H）"，"轨迹（G, H）"，"轨迹（I, H）"即可。指令含义是作出 F、G、I 三点随控制点 H 运动形成的运动轨迹。

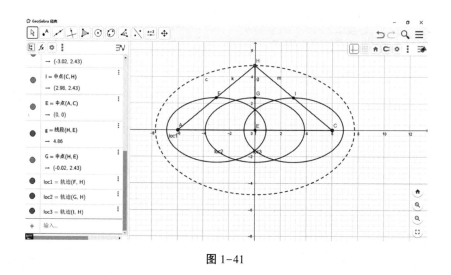

图 1-41

1.4 "测量"工具的基本使用方法

GeoGebra 提供了强大的测量功能，可以测量几何对象的角度、长度、面积、斜率等数值，如图 1-42 所示，这些测量工具应用到物理分析与计算上非常有意义。

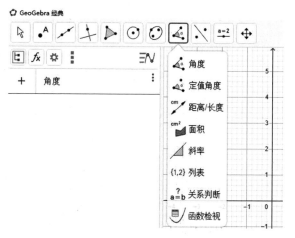

图 1-42

1.4.1 角度测量工具

角度测量 "📐" 功能可以测量三点之间夹角大小、两线之间的夹角大小、多边形的内角和大小等。

1.4.1.1 三点之间的夹角测量——逆时针方向确定角的大小

如图 1-43 所示，在坐标系中建构 A、B、C 三个点。

选择角度测量功能，依次点击 B、A、C 三个点，角的顶点 A 放在中间。可测得角 $\angle BAC$ 的大小，如图 1-44 中的 α 角。

选择角度测量功能，依次点击 C、A、B 三个点，角的顶点 A 放在中间。可测得角 $\angle CAB$ 的大小，如图 1-45 中的 β 角。

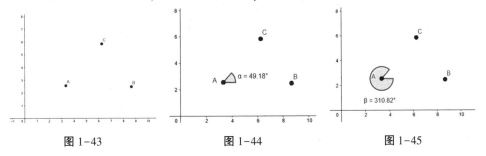

图 1-43　　　　　　图 1-44　　　　　　图 1-45

若以代数指令实现，则在代数输入区输入"角度（B,A,C）"得到角度 α，在代数输入区输入"角度（C,A,B）"得到角度 β。

1.4.1.2 两线之间的夹角测量——逆时针方向确定角的大小

角度测量功能可以测量两条直线、射线、线段、向量之间的夹角。选择角度测量"📐"功能后，点击两条线即可得到两线之间的夹角。如图 1-46 所示。

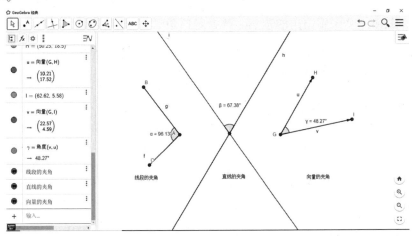

图 1-46

用代数指令实现，在代数输入区输入"角度（线的名称1，线的名称2）"即可。

1.4.1.3 多边形顶角的测量

如图 1-47 所示，在坐标系中构建一个任意多边形，选择角度测量"⟨⟩"功能后，点击多边形内部的任意位置，多边形各顶角的角度值就可以测定。

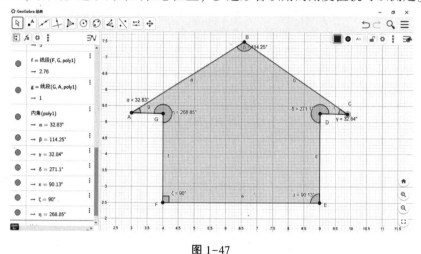

图 1-47

若用代数指令实现，则在代数输入区输入"内角（poly1）"即可。

1.4.2 定值角度的构建

利用点工具在坐标系中构建两个独立的几何点，或者在已知线上构建两个点，其中一个是定值角的顶点。选择定值角"⟨⟩"功能，依次点击两个几何点，在弹出的对话框中输入需要的角度和角度旋转的方式，如图 1-48 所示。构建定值角度的典型示例如图 1-49 所示。

图 1-48   图 1-49

若用代数指令实现，则在代数输入区输入"角度（B, A, 45°）"即可得到

β 角。

1.4.3 距离/长度测量工具

1.4.3.1 距离测量功能

1.4.3.1.1 点到几何对象的距离测量

选择距离/长度"⊡"功能，依次点击点与几何对象即可测量出它们之间的距离。

如图 1-50 所示，测量 E 点分别到 F 点、直线 f、多边形 q_1 的距离，选择"距离/长度"功能。

点击 E 点与 F 点，得到"$EF=2$"。若用代数指令完成，则在代数输入区输入"距离（E,F）"。

点击 E 点与直线 f，得到"$Ef=7.82$"。若用代数指令完成，则在代数输入区输入"距离（E,f）"。

E 点与多边形之间的距离可以直接用代数指令，"距离（E,q1）"。得到"$i=4$"。

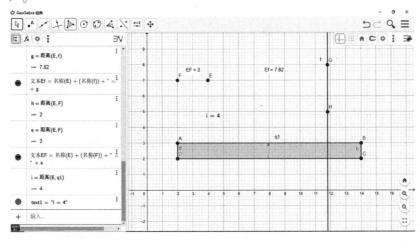

图 1-50

1.4.3.1.2 测量线与线之间的距离

如图 1-51 所示，在坐标系中建构三条直线 f、g、h。选择"⊡"功能，直线 f 与 g 平行，依次点击直线 f、g，得到直线 f、g 的距离"$a=4$"。若同一平面内的直线不平行，则直线的间距为 0。如测量直线 g 与 h 的间距，则得到"$b=0$"。

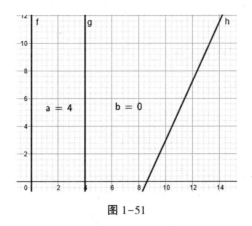

图 1-51

若用代数指令完成，则在代数输入区分别输入"距离（f, g）"和"距离（g, h）"即可完成。

1.4.3.2 长度测量功能

1.4.3.2.1 线段、圆弧、周长的测量

如图 1-52 所示，利用线段工具、圆弧工具、多边形工具在坐标系中创建三个几何对象，选择距离/长度"🖊"功能。

点击线段 CD，得其长度"$f=4$"。使用代数指令，则在代数输入区输入"长度（f）"。

点击圆弧 c，得其长度"c 的弧长 = 4.5"。使用代数指令，则在代数输入区输入"长度（c）"。

点击多边形内部，得到其周长"poly1 的周长 = 13.92"。使用代数指令，则在代数输入区输入"周长（poly1）"。点击多边形的顶点，也可以测出边长。

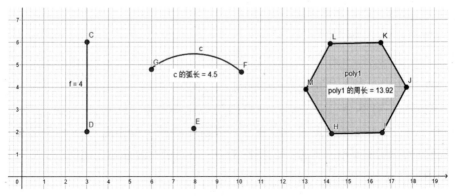

图 1-52

1.4.3.2.2 轨迹长度测量

使用该功能可测量研究对象运动轨迹的长度。

图 1-53

图 1-54

据说法国伟大的物理学家、数学家笛卡儿（图 1-53）被瑞典国王驱逐，因为他与瑞典的公主相爱了。笛卡儿给瑞典公主的最后一封信里只有国王看不懂的一个方程式：$r = a(1-\sin\theta)$。这个方程式就是著名的笛卡儿心形曲线方程。

有一个很美但难看懂的矿泉水电视广告，如图 1-54 为该广告的电视画面截图，据说创意也来自笛卡儿与瑞典公主的爱情故事。

利用 GeoGebra 的轨迹功能创建笛卡儿心形曲线，参数方程是：

$$x = a(2\cos(t)-\cos(2t)) \qquad y = a(2\sin(t)-\sin(2t))$$

创建两个滑动条 a、t，创建一个点 A。在点 A 上按右键，弹出 A 的属性设置对话框。在"常规"菜单的"定义"输入框中输入"（a（2cos(t)-cos(2t)），a 2sin(t)-sin(2t)）"。表达式含义是 A 点横坐标是（a（2cos(t)-cos(2t)），纵坐标是 a（2sin(t)-sin(2t)）。t 变化，则 A 的位置随之变化。如图 1-55 所示。

图 1-55

图 1-56

在滑动条 t 上点击鼠标右键，设置 t 的最小值为 0，最大值为 2^* pi，即 2π。如图 1-56 所示。

在代数输入区输入"轨迹（A, t）"，指令含义是随滑动条变量 t 的变化，描绘 A 点的轨迹。A 点的轨迹就是著名的笛卡儿心形曲线了。如图 1-57 所示。

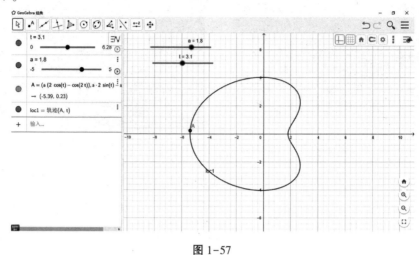

图 1-57

笛卡儿心形曲线被自动命名为 loc_1，在代数输入区输入"周长（loc1）"即可测量到该心形的周长 26.93。如图 1-58 所示。

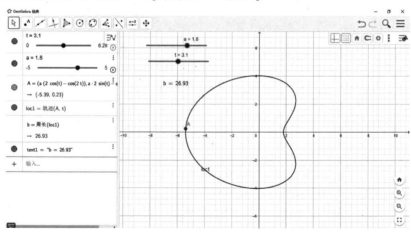

图 1-58

1.4.3.2.3 函数在特定区间的部分函数图像

如图 1-59 所示，在代数输入区输入 "e^x"，在绘图区得到 $a(x) = e^x$ 的函数图像。在图像上任意构建两个点 A、B，测量 A、B 之间的函数图像长度。在代数区输入 "长度（a, A, B）" 即可得到函数 a 在 AB 之间的部分图像长度：$b = 6.5$，也可以输入 "长度（a, x(A), x(B)）" 指令完成。

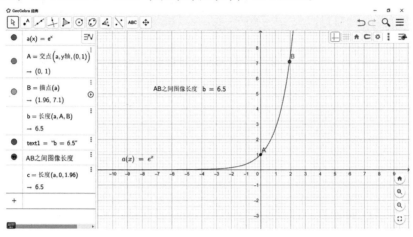

图 1-59

选择函数检视 "⬜" 功能，在右下角将 x 的区间设置为 0 到 B 点的横坐标 1.96。在检视数据表格中有很多参数，其中也有 AB 之间函数图像的长度 6.4962。如图 1-60 所示。

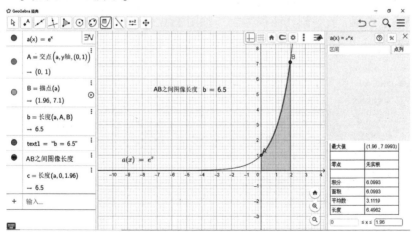

图 1-60

1.4.3.3 面积测量功能

下面先介绍一个获得指令使用规则的技巧。

如果想要使用某个指令，如面积指令，可以先在代数输入区内输入"面积"，系统就会自动提示该指令的使用规则。如图 1-61 所示。

系统提供了三种面积指令的使用规则："面积（<圆或椭圆>）""面积（<多边形>）""面积（<点1，…，<点 n>）"。

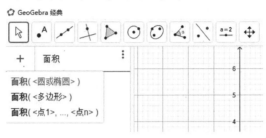

图 1-61

按照这三种规则，在坐标系中建构三种对象，学习测量它们的面积。

利用点工具"📍"、圆工具"⊙"、多边形工具"▷"在坐标系中建构三种几何对象；

在代数输入区输入"面积（A, B, C, D, E, F, A）"得到这六个点包围的面积"$b=12$"；

选择面积测量"📐"功能，点击多边形内部，就得到多边形的面积11.45；点击圆 c 就得到其面积 7.25。如图 1-62 所示。

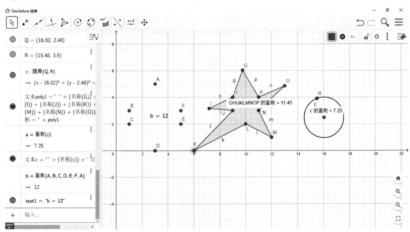

图 1-62

1.4.3.4 斜率测量功能

斜率测量功能可以测量直线的斜率，也可以测量圆锥曲线某点切线的斜率。

利用直线工具"⟋"在坐标系中构建直线 AB。在代数输入区中输入"$-(x-8)^2+5$"构建一抛物线，在其上构建一点 C，利用切线工具"◪"作出过 C 点抛物线的抛物线 h。

选择斜率测量"◲"，依次点击直线 AB 和直线 h，得到两条直线的斜率 $m=1.31$，$m_1=3.85$。

如图 1-63 所示。

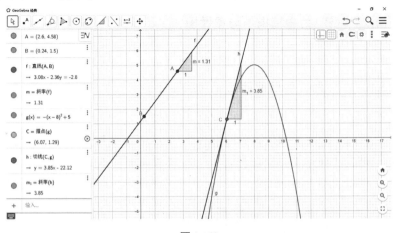

图 1-63

1.5 其他工具功能简介

1.5.1 移动与缩放工具组

"✛"工具组集合了显示/隐藏功能和复制样式等功能。如鼠标右键框选多个几何对象，可以批量执行显示与隐藏功能。如图 1-64 所示。

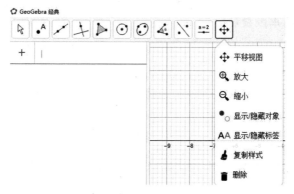

图 1-64

1.5.2 "↺↻" 为撤销操作与重做操作工具

此工具与 word 等软件中的"撤销与重做"功能相同,不再赘述。

1.5.3 "☰" 为文件处理等常规功能图标

点击该图标后将会出现如图 1-65 所示菜单。点击"登录",可以进入 GeoGebra 官网,注册账号后可以将制作的 GeoGebra 文件储存到官网上。点击"保存",可以选择将文件储存到官网上或者本机上,点击"格局"图标,也可以选择 GeoGebra 的功能区。

图 1-65

1.5.4 若没有选择研究对象，"⚙" 为坐标系设置与功能区选择工具

点击该图标，可以设置坐标系参数，若在出现的工具条中再点击 "⋮"
图标，可以选择 GeoGebra 提供的功能区。如图 1-66 所示。

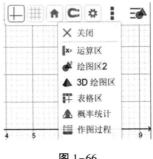

图 1-66

1.5.5 "⌨" 软键盘工具

这个工具位于软件界面左下角，功能强大，下面就该工具多做一些介绍。

1.5.5.1 点击该按钮，调出对应的工具栏

可以用这个软键盘输入数字及运算符、函数、字母、特殊字符。如图
1-67所示。

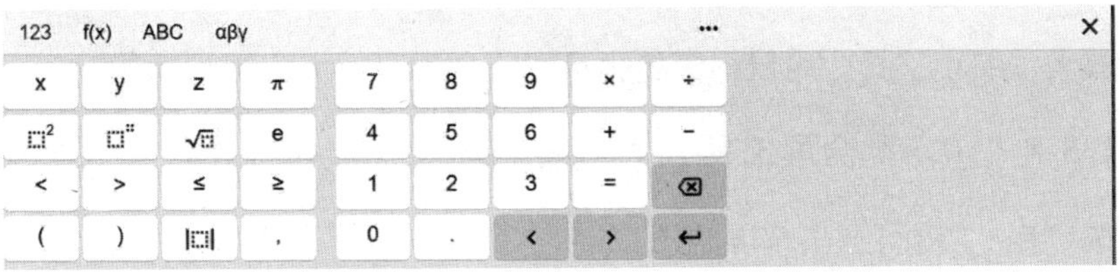

图 1-67

1.5.5.2 点击上图的 "⋯" 图标，将出现该软件支持的所有函数与指令

每一条指令都给出了简要使用规则的说明。如图 1-68 所示。

图 1-68

1.5.5.3 退出软键盘功能

需要退出该工具的话，点击该工具右上角的"×"图标即可。

1.5.6 "🏠"坐标系恢复设置初始工具

顾名思义，点击图标可以恢复坐标系初始设置。

1.5.7 "🔍"与"🔍"工具

放大、缩小工具，用鼠标滚轮也可以实现界面放大、缩小功能。

1.5.8 "⟷"全屏工具

按"Esc"键可退出全屏状态。

1.5.9 "🔍"搜索工具

右上角"⚙"是选择在官网搜索，"■"是选择在本机搜索。在官网上 GeoGebra 有全球爱好者制作并上传的各类资源，可以在网络上直接学习借鉴，也可以将资料下载到本机上。如图 1-69 所示。下载资料时要注意资料的版权说明。

图 1-69

第 2 章　物理坐标系的构建

坐标系是呈现物理研究对象时空关系与物理量之间函数关系必需的数学工具，将坐标轴赋予物理意义，数学图像就变成了物理图像。本章学习如何利用 GeoGebra 建构物理坐标系。

2.1 坐标系的选择

GeoGebra 坐标系主要可选择使用平面直角坐标系和极坐标系，软件还提供了复数坐标系与球坐标系，后两种坐标系本书中不涉及。

2.1.1 平面直角坐标系

如图 2-1 所示，点击软件界面右上角"▦"图标，可将坐标系设置为平面直角坐标系。

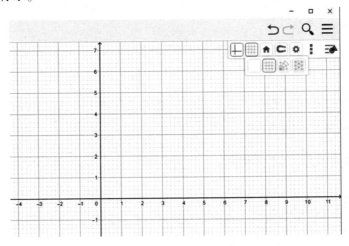

图 2-1

2.1.2 极坐标系

如图 2-2 所示，点击软件界面右上角 "⬚" 图标，可将坐标系设置为极坐标系。

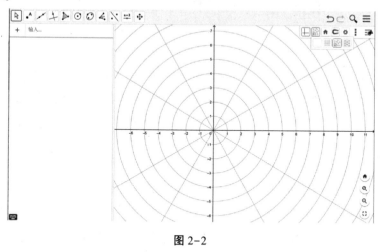

图 2-2

2.1.3 隐藏坐标系与网格线

点击 "⊞" 图标，可隐藏坐标轴；点击 "□" 图标，可隐藏网格线；点击图标 "▦"，坐标系会变为平面直角坐标系并显示等距线。

2.2 坐标系的设置

点击软件界面右上角 "⚙" 图标，在弹出菜单中可以对 "常规" "x 轴" "y 轴" "网格" 这四项进行设置。

2.2.1 "常规" 功能设置

2.2.1.1 "范围" 功能设置

此处可以设置坐标轴的数值范围和比例系数。

坐标轴数值的比例系数锁定前，即按钮显示为 "🔓" 时，可以手动输入比值，如图 2-3 所示，也可以在坐标系区域按右键选择已设定好的比例系数，如图 2-4 所示。坐标轴数值比例系数锁定后，即按钮显示为 "🔒" 时，比例系数将无法改变。

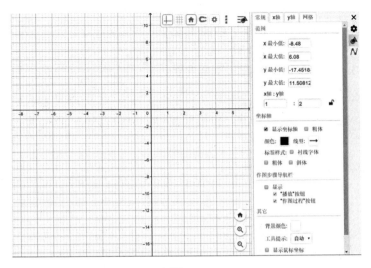

图 2-3

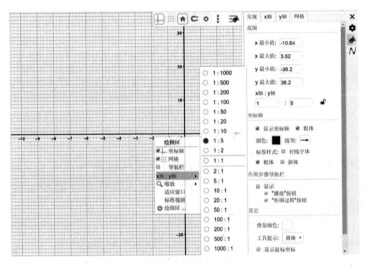

图 2-4

2.2.1.2 "坐标轴"功能设置

可设置坐标轴是否显示、坐标轴的粗细、坐标轴的颜色与线型，也可把字体设置成粗体、斜体等。

2.2.1.3 "其他"功能设置

可设置坐标系背景颜色。

"显示光标坐标"功能很有用，选择后可以实时显示光标所在位置的坐标值。

2.2.3 "x轴"与"y轴"功能设置

2.2.3.1 "只显示正方向"功能设置

同时勾选x轴与y轴设置中的"只显示正方向",可以只显示平面直角坐标系的第一象限坐标区域,也可以根据需要,单独勾选x轴或者y轴"只显示正方向"命令。如图2-5所示。

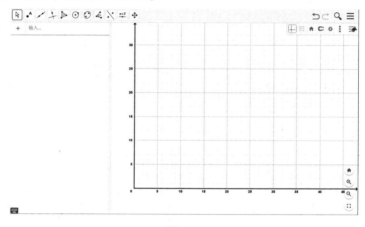

图2-5

2.2.3.2 "刻度"功能设置

刻度间距默认为1,下拉菜单中可选择刻度间距为π或者π/2,此刻度间距在讨论三角函数时是非常方便的。当然,也可以在刻度输入框内自主输入需要的刻度间距。如图2-6所示。

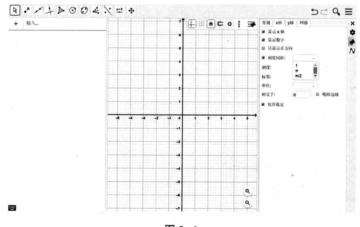

图2-6

2.2.3.3 "标签" 与 "吸附边缘" 功能设置

在 x 轴和 y 轴的设置菜单中，点击标签输入栏中的下三角符号就可以展开标签的下拉菜单，此下拉菜单中可以选择常用坐标轴的名称，也可以自主输入 x 轴与 y 轴的名称。

"吸附边缘" 的含义是将坐标点吸附到网格线交点上或将坐标轴从中心区域移动到边缘。如图 2-7 所示。但这个功能对于其在物理领域的应用来讲，意义不大。

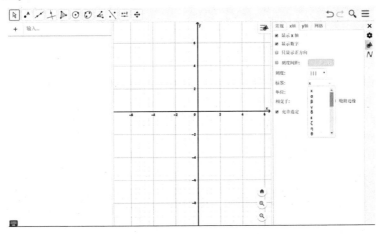

图 2-7

在没有建构几何对象的情况下，我们试一试 "吸附边缘" 功能。

勾选 x 轴与 y 轴中的 "吸附边缘" 选项，软件界面的坐标系如图 2-8 所示。x 轴与 y 轴就移动到了坐标系边缘。

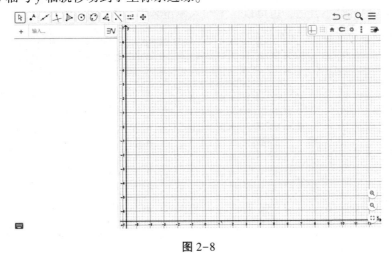

图 2-8

2.2.4 建构一个物理坐标系

下面，通过建立一个速度−时间图像的坐标系讲解使用坐标系设置。

2.2.4.1 速度−时间图像坐标系的建立

在 x 轴标签的输入框内输入"t"，在 y 轴标签的输入框内输入"v"，即可得到想要的坐标系。如图 2-9 所示。

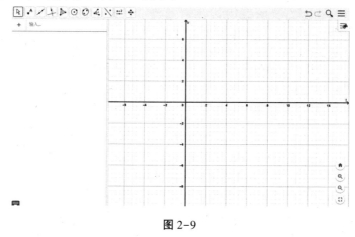

图 2-9

2.2.4.2 "单位"功能设置

在标签中设置好横轴与纵轴的名称后（即设置好横轴与纵轴表示的物理量之后），继续设置坐标轴物理量的单位。

点击"单位"旁的下三角符号，在下拉菜单中有常用的各种物理量的单位。如果这些单位都不合适，也可以自主输入单位名称。如图 2-10 所示。

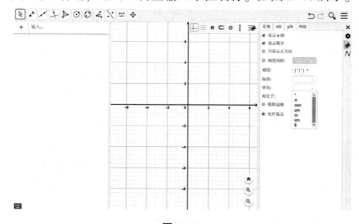

图 2-10

把刚才建立的速度-时间图像的坐标轴单位进行设置。

x 轴表示时间轴：在 x 轴单位中输入 "s"，表示时间单位是秒。y 轴表示速度轴：在 y 轴单位中输入 "m/s"，表示速度的单位是米/秒。设置完成后，得到如图 2-11 所示的坐标系。

如此一来，每个数字后面都带有单位，坐标轴变得有些混乱。

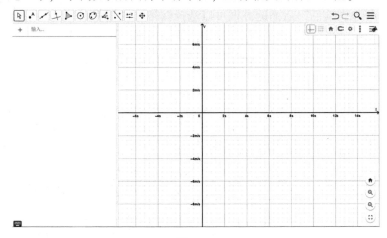

图 2-11

物理学坐标系中，一般把物理量的单位写在坐标轴箭头旁边，位于表示物理量的符号后面。如图 2-11 所示的每个数字后面跟着物理量的单位，使用时可能不方便。

可以直接在坐标轴设置菜单中的"标签"输入框中进行修改，将坐标轴名称与其单位一起输入。如图 2-12 所示，让人能够明白坐标轴的物理意义及其单位即可。

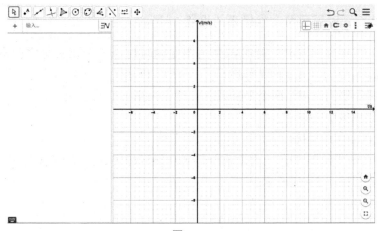

图 2-12

2.2.5 "网格"功能设置

一般网格的默认设置为"主要和次要网格",在此标签中也可以进行 x 轴与 y 轴刻度间距的设置。

1. 在"线型"中可以选择网格线的虚实。

2. 点击"颜色"后面的方框可以选择网格线的颜色。

3. 利用"粗体"勾选框,可设置网格的粗细。

4. 若没有特别要求,"点捕获"设置为"自动"即可。

如图 2-13 所示。

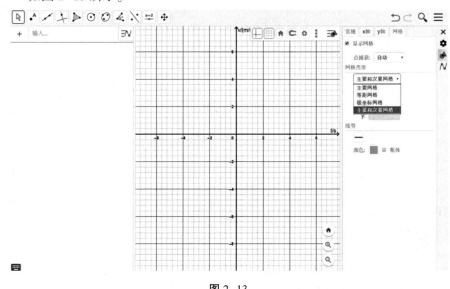

图 2-13

2.2.6 同时显示两个坐标系的设置

在研究物理问题时,有时需要用图像同时讨论几个相关量之间的联系。GeoGebra 可以同时显示两个作图区,每个作图区里一个坐标系。

如果需要同时显示两个坐标系,则可点击坐标系右上角":"标签,选择打开"绘图区 2"即可。

1. 点击":"图标。

2. 点击"绘图区 2",并左右拖动各功能区的边界,将各区域空间调整至合适位置。如图 2-14 所示。

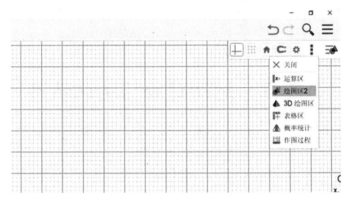

图 2-14

3. 根据需要设置好 x 轴与 y 轴的参数。

按照上述设置坐标轴的方法，将绘图区 2 的坐标轴设置好。

如图 2-15 所示，绘图区 1 与绘图区 2 能分别显示 s-t 和 v-t 两个图像。

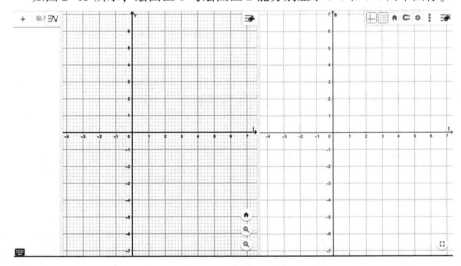

图 2-15

至此，我们学会了利用 GeoGebra 建构坐标系。建立合适的坐标系之后，就可以利用 GeoGebra 动态数形结合的特点，顺利讨论物理量之间的关系了。

第 3 章　运动对象与运动轨迹

3.1 坐标系空间的调整

不同的研究对象对坐标空间的范围大小要求不同，可以通过坐标系整体缩放或者坐标轴单独缩放获得合适的坐标空间。

3.1.1 坐标系整体平移

3.1.1.1 整体平移

如图 3-1 所示，点击"⊕"图标，选择"平移视图"。在坐标系空白区域按住鼠标左键移动光标，即可进行坐标系平移。

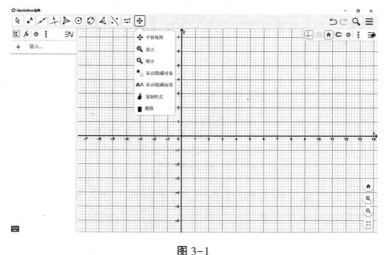

图 3-1

3.1.1.2 坐标轴单独缩放

将光标放在坐标轴上，当坐标轴上出现"🔍"或者"🔍"符号时可以单独放大或缩小坐标轴。

3.1.2 坐标系的整体缩放

3.1.2.1 鼠标滚轮控制

一般是滚轮向上转，坐标系整体以选择的坐标位置为中心放大；滚轮向下转，坐标系以选择的坐标位置为中心缩小。

3.1.2.2 通过"放大"与"缩小"图标控制

如选择"放大"图标后，在坐标系中点击鼠标，就能实现以光标所在位置为中心进行放大。

如果需要坐标系复原，点击"🏠"即可。如图 3-2 所示。

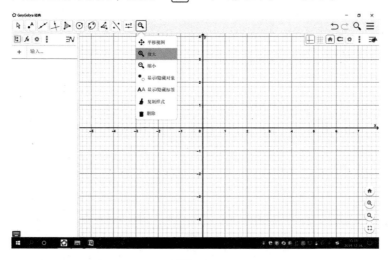

图 3-2

3.2 简单的二维运动对象——"点"

建构物理模型是重要的物理学科能力，如质点与点电荷就是在运动学与电学中常用的理想化对象模型。

GeoGebra 中的数学点就可以作为物理对象，应用物理公式控制其受力或者速度，就可以动态演示运动过程。

3.2.1 获得研究对象并命名

选择点图标"描点"功能，在坐标系中创建一个点。

在坐标系区域内任意位置点击一下鼠标左键，构建一个几何对象"点 A"。如图 3-3 所示。

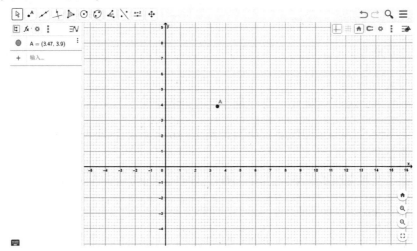

图 3-3

在点 A 上按右键，在显示菜单中点击"设置"，在输入框中可以输入研究对象的名称，如"物体 A"，在"显示标签"的下拉菜单中选择"标题"，就可以看到该点的显示名称已经变成"物体 A"。如图 3-4 所示。

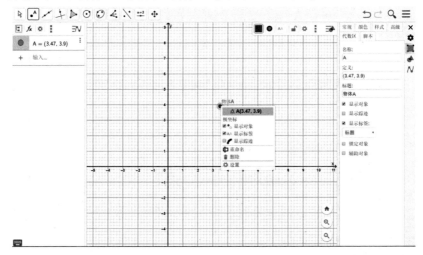

图 3-4

3.2.2 让研究对象运动起来

以刚创建的"物体 A"为研究对象，在"物体 A"点上按右键，在显示菜单中勾选"显示踪迹"。

点击"⊿"图标，选择"移动"。

将光标移动到"物体 A"上，按住鼠标左键就可以随心所欲地移动"物体 A"并记录"物体 A"的运动轨迹了。如图 3-5 所示。

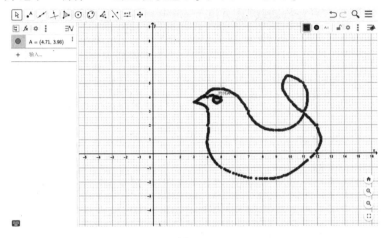

图 3-5

3.2.3 让研究对象按照预定的路线运动

3.2.3.1 选择"画笔"功能

按住鼠标左键，用"画笔"画出一段曲线作为预定的运动路线。如图 3-6所示。

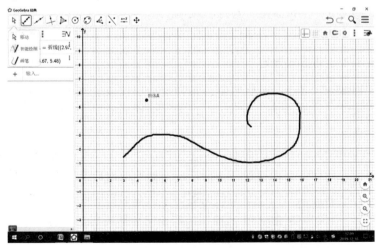

图 3-6

3.2.3.2 选择"附着/脱离点"功能

点击"▣"图标，选择附着/脱离点"✎附着/脱离点"功能，点击研究对象 *A*，按住鼠标左键，将"物体 *A*"移动至已画好的曲线上，如图 3-7 所示。"物体 *A*"即可附着在该曲线上，可在该曲线上移动，但不能脱离。

若想要一个点脱离某个对象的约束，选择"附着/脱离点"功能后，按住鼠标左键将该点移动离开这个几何对象，这个点就能从约束对象上独立出来。

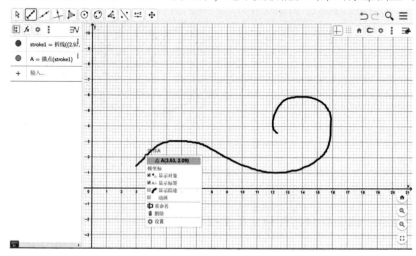

图 3-7

3.2.3.3 选择"动画"功能

在"物体 *A*"上按右键，勾选"动画"，"物体 *A*"即可以沿着这条曲线运动起来，该功能实现了物体位置变化的动态演示。

3.2.3.4 运动方式设定

在"物体 *A*"上点击鼠标右键，在弹出的属性设置菜单中点击"设置"，选择"代数区"，即可看到动画设置选项。如图 3-8 所示。在"重复"的下拉菜单中选择：

"双向"：物体 *A* 将在该曲线上往复运动。

"递增"：物体 *A* 从曲线始端正向运动至曲线末端后返回，重复运动。

"递减"：物体 *A* 从曲线末端反向运动至曲线始端后返回，重复运动。

"递增（一次）"：物体 *A* 从曲线始端正向运动至曲线末端停止。

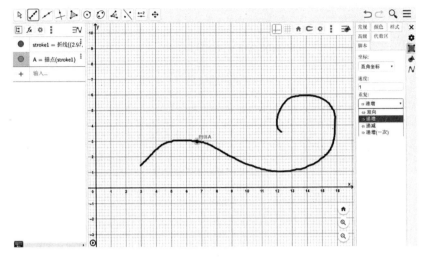

图 3-8

3.3 简单的二维静态研究对象——"面"

理想化模型质点是不考虑物体的形状和大小的，是用一个有质量的点代替实际物体的理想化研究对象。

考虑物体大小和形状的物理学研究对象在二维空间常呈现为矩形、圆形或者三角形。本节试着制作几个二维的物理学研究对象。

3.3.1 矩形研究对象

静态对象可以直接用多边形工具制作。因为不涉及运动的问题，就不用考虑点之间的从属关系。若是动态对象，比如运动的小球、滑块等物体就必须考虑控制点与附属点的决定关系。

例如：分析静止在斜面上物体的受力情况。因为物体处于静止状态，不需要用指令控制它的运动，所以构建出斜面与方形木块，就算完成了几何模型的制作任务。

3.3.1.1 构建斜面

工具栏选择"$\boxed{\cdot^{A}}$"工具。在 y 轴、坐标原点、x 轴上构建三个点，如图 3-9 中的 A、B、C 三点。

工具栏选择"$\boxed{\triangleright}$"工具。依次点击点 A、B、C、A，形成一个闭合的三角形。这个三角形 ABC 就是我们创建的斜面。

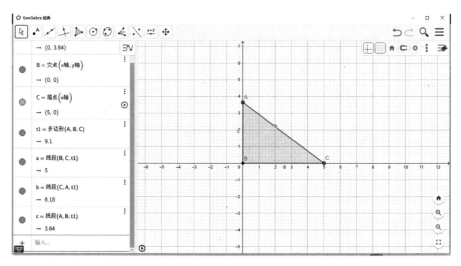

图 3-9

3.3.1.2 构建研究对象

选择"⬕"工具。在线段 *AC* 上点击构建两个控制点，如图 3-10 中的 *D*、*E*。系统会跳出对话框，要求输入正多边形顶点的个数。输入"4"即可得到一个正方形。

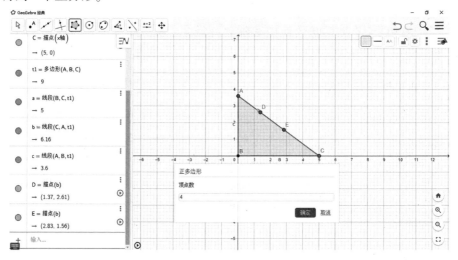

图 3-10

调整 *DE* 的位置，调节正方形边长至合适的大小。这个正方形就可以作为代替实际物体的一个有大小和形状的研究对象。如图 3-11 所示。

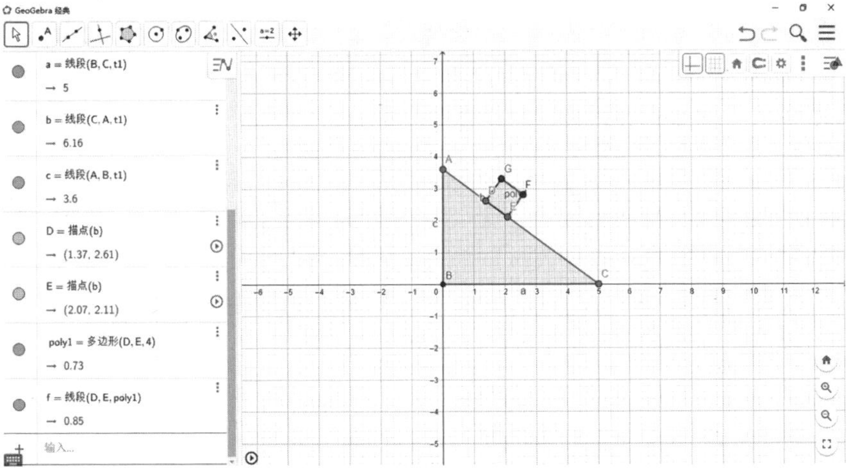

图 3-11

3.3.1.3 确定研究对象的中心

做物体的受力分析，如果不考虑转动，可将物体所受的各个作用力平移到一个作用点上进行处理，比如各个作用力都移动到物体的重心上。

点击工具栏中的“线”工具图标“”，选择其中的“线段”功能。连接点 G、F 与点 D、E，系统会自动命名两条线段，即图中的线段 k 与 j。线段 k 与 j 的交点即可视为物体的重心。

点击工具栏中的点工具图标“”，选择“交点”功能，依次点击线段 k 与线段 j 就能得到 k、j 线段的交点“H”。

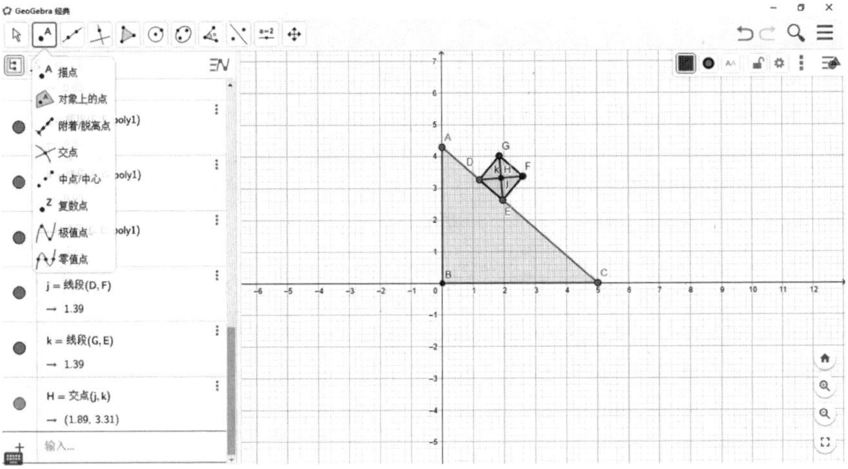

图 3-12

H 点即为研究对象的中心，也就是我们构建出的各个力的作用点。如图 3-12 所示。

3.3.1.4 隐藏无关或者辅助对象

在表示斜面的三角形与表示研究对象的正方形上点击鼠标右键，可在弹出的属性菜单中进行相关设置。无关或者辅助对象的名称可以通过属性设置进行隐藏，也可以在代数输入区点击对象前的小圆圈，设置隐藏或者显示。

在线段名称 a、b、c 上点击鼠标右键，属性菜单中将"显示标签"前的勾选去除，a、b、c 几个字母将不再显示。

将正方形的名称"poly1"隐藏。

在点 D、E、G、F 上点击鼠标右键，在弹出的属性菜单中将"显示对象"前的勾选去除，则这几个点将隐藏。

在线段 k、j 上点击鼠标右键，在弹出的属性菜单中将"显示对象"前的勾选去除，隐藏这两条线段。如图 3-13 所示，得到一个比较简洁的斜面上物体受力分析的模型图。

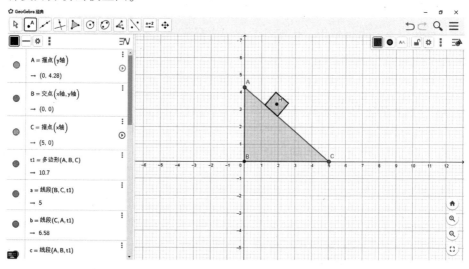

图 3-13

我们会发现点 G 与点 F 两个对象没有出现在代数区输入区里，即不能在代数输入区里点击其前的小圆圈控制显示还是隐藏，那是因为这两个对象是辅助对象。如果要显示辅助对象，可以点击"代数输入区"上方的设置图标" ⚙ "，会弹出属性设置菜单。在"显示"功能中，勾选"辅助对象"，辅助对象就都可以在代数输入区显示出来了。如图 3-14 所示。

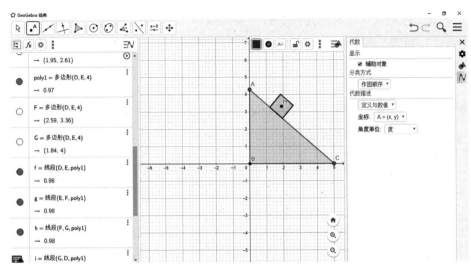

图 3-14

3.3.1.5 确定物体受到的各个作用力的作用线

重力作用线：点击工具栏中的"关系线"工具图标"$\boxed{\perp}$"，选择其中的"平行线"功能。点击 H 点与 y 轴，得到过 H 点与 y 轴平行的直线 l。在直线 l 上点击鼠标右键，在属性菜单中将 l 直线的样式设置为虚线。

摩擦力作用线：点击工具栏中的"关系线"工具图标"$\boxed{\perp}$"，选择其中的"平行线"功能。点击 H 点与线段 AC，得到过 H 点与线段 AC 平行的直线 m。同理将直线 m 设置为虚线。

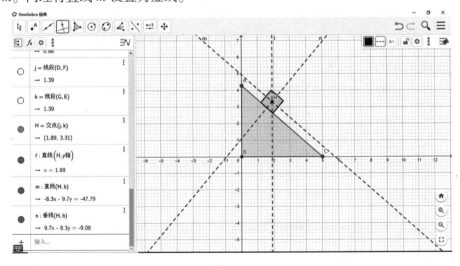

图 3-15

弹力作用线：点击工具栏中的"关系线"工具图标"⊥"，选择其中的"垂线"功能。点击 H 点与线段 AC，得到过 H 点与线段 AC 垂直的直线 n。同理将直线 n 设置为虚线。

设置虚线样式，也可以直接在"绘图区"右上角的对象属性菜单中进行设定。如图 3-15 所示。

3.3.1.6 作出研究对象的受力示意图

点击工具栏中的"线"工具图标"∕"，选择其中的"向量"功能，在重力、弹力、摩擦力的作用线上作出力的示意图。如图 3-16 所示。

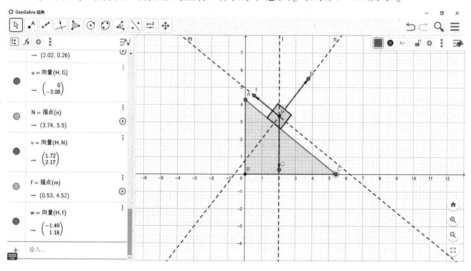

图 3-16

如果想通过控制物理条件让研究对象能沿斜面运动，上述的操作过程实现起来比较麻烦，因为上述的正方形研究对象有 D、E 两个控制点。

如何实现用一个控制点控制一个"面"研究对象的运动？这个问题将在第 10 章、第 11 章中进行讨论。

3.3.2 圆形研究对象

例题： 一个球体被光滑斜面上的竖直挡板挡住，静止在斜面上。分析该球体的受力。

3.3.2.1 利用点和多边形工具建构一个斜面 ABC

在斜面上点击鼠标右键，在弹出的属性设置菜单中选择"样式"，在"填充"下拉菜单中选择填充的线条，比如选择"斜线"，可将斜面内部填充满斜线，斜线的角度与间隔是可调的。如图 3-17 所示。

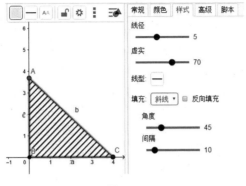

图 3-17

3.3.2.2 确定研究对象——圆

在斜面 AC 边上建构一个点，如图 3-18 中的点 F。点击圆工具图标 "⊙"，选择"圆（圆心与一点）"，让圆过 F 点且与 AC 边相切。

3.3.2.3 建构挡板

本节学习使用"平移"指令，利用线段功能创建挡板。

在斜面 AC 边上利用"点"工具设置一个点，如图中的点 D。在代数输入区输入"平移（线段（B,A），D）"，含义是将线段 BA 平移至 D 点，如图 3-18中的线段 $B'A'$。移动 D 点让线段 $B'A'$ 与圆周相切。

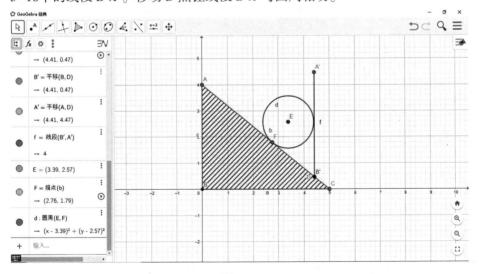

图 3-18

3.3.2.4 利用"关系线"工具，作各力的作用线

过 E 点的 AC 的垂线、$A'B'$ 的垂线、y 轴的平行线表示重力和两个弹力的作用线。作出球体的受力示意图即可，虚线若不需要可设置为隐藏。如图 3-19所示。

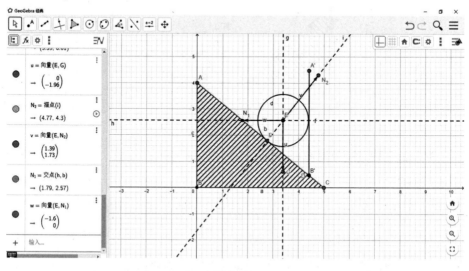

图 3-19

第 4 章　创建常见运动过程模型的轨迹

在物理学中，经常研究的运动过程模型是直线运动、圆周运动、抛体运动，本章将讨论如何创建这几个运动过程模型的轨迹。

4.1 直线运动轨迹创建的常用办法

最简单的就是利用"线段"功能创建直线轨迹。点击"✐"图标，选择"线段"功能。在坐标系的合适位置，点击鼠标左键创建线段的始端与末端，得到一条线段，该线段就可以作为直线运动的轨迹使用，当然也可以根据需要选择"直线""射线""矢量线段"等"线工具"创建直线轨迹。

如我们在坐标原点点击鼠标左键获得线段始端 A，在第一象限中点击鼠标左键获得线段末端 B。GeoGebra 自动将该线段进行了命名，AB 线段的名称为"f"。如图 4-1 所示。

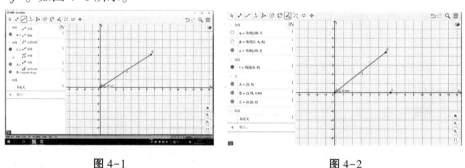

图 4-1　　　　　　　　　　　　　　图 4-2

还可以测量轨迹线段 AB 与参考方向，如 x 轴的夹角。点击"⊿"，选择"角度"测量功能后，顺序点击"x 轴"与线段"f"上的任意一点就可以测出线段"f"与"x 轴"的夹角。也可以在"x 轴"上再放置一个点 C，依次点击 C、A、B 三个点，得到 $\angle CAB$ 的大小。如图 4-2 所示。

4.2 圆周运动轨迹创建的常用方法

简单创建一个圆周运动的轨迹，直接点击"⊙"图标，选择"圆（圆心与一点）"功能。在坐标系合适位置点击鼠标左键确定圆心位置，如图 4-3 中的 A 点。在合适的位置点击鼠标左键，确定圆的半径，如图 4-3 中的 B 点。这样以 A 点为圆心、过 B 点的一个圆轨迹就完成了。

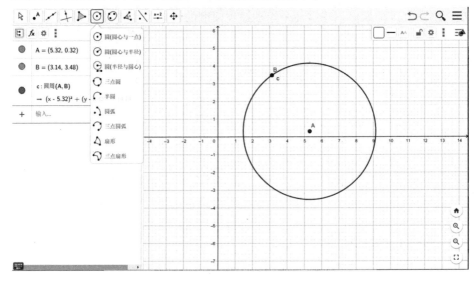

图 4-3

圆轨迹的创建方式很多，可根据需要创建完整或者部分圆轨迹。下面通过一道例题练习使用一下圆轨迹。

例题：将已知力 F 分解，分力 F_1 的方向确定，分力 F_2 的大小确定，讨论可以获得的解的个数。

1. 点击"✓"图标，选择"矢量"功能，在坐标系中按要求得出矢量线段 **CD**，右键在设置中将其名称改为 **F**，F 表示合力。同理完成表示分力的 **F₂** 矢量线段。

2. 选择"射线"功能，点击 C 点，在坐标系合适位置点击一下得到 E 点，调整 E 点的位置可以改变该射线的方向，将射线名称改为 F_1。若合力 F 与分力 F_1 夹角为定值，则可利用测量工具中的定值角"🔺 **定值角度**"功能设置 F_1。如图 4-4 所示。

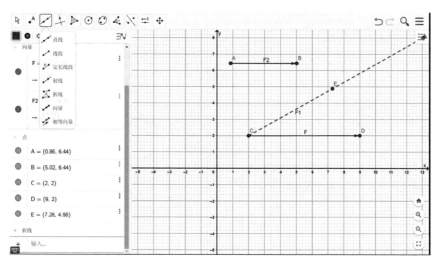

图 4-4

3. 点击 "⊙" 图标，选择 "圆（半径与圆心）" 功能。按顺序点击 *A* 点与 *B* 点，则系统将把 *AB* 之间的距离设置为圆的半径，圆心待定。再点击一下 *D* 点，系统将会把 *D* 点设置为该圆的圆心。点击代数输入区中 *E* 点前的小圆点，可以将 *E* 点隐藏/显示。在圆 *C* 上点击右键，在 "样式" 中将 "线型" 设置为 "虚线"。如图 4-5 所示。

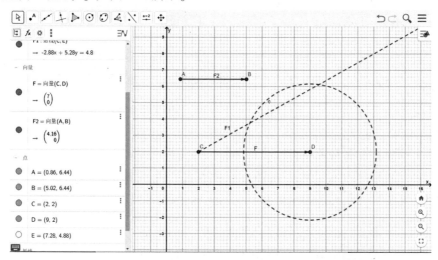

图 4-5

4. 点击 "[·A]" 图标，选择 "交点" 功能。点击圆 *C* 与 F_1 方向两个交点的位置。系统会为这两个交点进行命名，如图中的 *G* 点和 *H* 点。

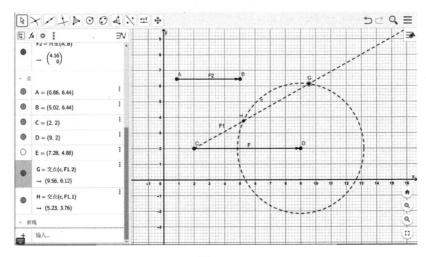

图 4-6

5. 用矢量线段连接 C、H，H、D 得到第一组解。用矢量线段连接 C、G，G、D 得到第二组解。如图 4-7、图 4-8 所示。

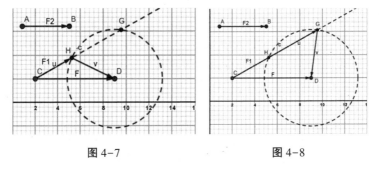

图 4-7   图 4-8

若圆 C 和 F_1 方向辅助线相离就没有解，相切时有一个交点就有一组解。若 F_2 比 F 还要大，辅助圆与 F_1 方向辅助线也是只有一个交点，也只有一组解，对应图示在此就不呈现了。

圆轨迹也可以通过输入函数表达式获得，在后面的学习内容中会继续讨论。

4.3 抛物线与椭圆运动轨迹创建的常用方法

4.3.1 抛物线运动轨迹的创建

点击图标"⬚"，选择"抛物线"功能。在坐标系的合适位置点击鼠标左键确定焦点位置，然后鼠标左键点击一下预定准线即可得到抛物线轨迹。如图 4-9 所示，坐标系中抛物线的焦点为 A，准线为 x 轴。

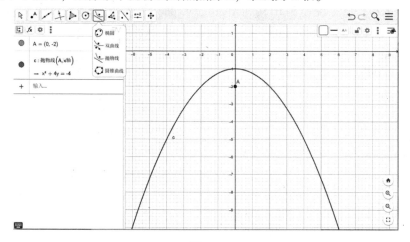

图 4-9

上图中左侧"代数输入区"中随之出现了该抛物线的方程：$x^2+4y=-4$。在最下方还有一个待输入的方框，在输入框中直接输入抛物线的方程，也能得到需要的抛物线。

例题：某斜抛运动的抛物线方程为 $y=-2x^2+10x$，试在平面直角坐标系中画出该抛物线。

直接将抛物线方程在输入框中输入"-2x^2+10x"，若不主动命名，系统将自动对该曲线进行命名。如该抛物线系统自动将其命名为 g，如图 4-10 所示。x^2 输入形式为"x^2"。

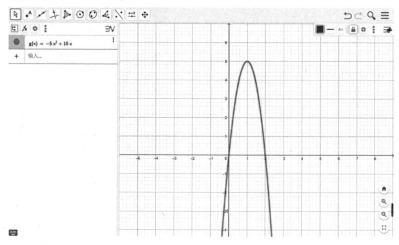

图 4-10

抛体运动物体的实际运动轨迹可以通过设置 x 的取值区间，即通过分段函数设置获得。下面使用"if"判断函数进行分段设置。

点击代数输入区函数表达式后的"："图标，调出函数的设置菜单。在"定义"下方的输入框中输入"if(0<=x<=2，-5x^2+10x，0)"，指令含义是若 $0 \leqslant x \leqslant 2$，则函数关系为 $y = -5x^2 + 10x$，否则 $y = 0$。输入之后，函数表达式与图像如图 4-11 所示。

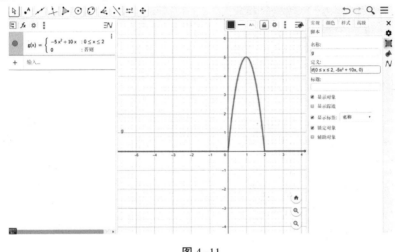

图 4-11

4.3.2 椭圆运动轨迹的创建

点击"⊙"，选择"椭圆"功能。在坐标系的合适位置将鼠标左键依次点击两下，确定两个焦点的位置。

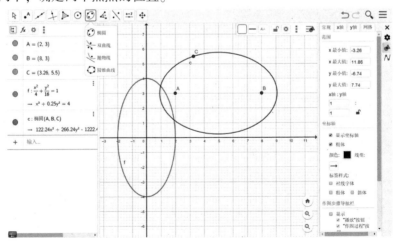

图 4-12

　　移动鼠标，在合适位置点击一下鼠标左键，即可确定椭圆上的一个点，这样就可得到一个椭圆轨迹。如图 4-12 中的椭圆 c。

　　同理，也可以在输入区直接输入椭圆的函数方程，得到需要的椭圆。如图 4-12 中的椭圆 f。

　　曲线方程与直线方程等都可以在代数输入区直接输入，相应的函数图像在绘图区中会同步呈现。

第 5 章　"向量"计算功能的简单应用

本章主要讨论学习 GeoGebra 向量功能在物理学中两个应用：一是学习物理量的矢量计算，二是学习利用向量线段指示物理量的方向。

5.1 矢量运算遵循平行四边形法则

下面，利用 GeoGebra 平行四边形法则去求两个分力的合力，并演示分力与合力动态变化的情况，学习利用 GeoGebra 进行简单矢量运算的基本办法。

5.1.1 基本任务

通过矢量运算，动态演示矢量运算遵循的平行四边形法则和三角形法则。

5.1.1.1 建两个表示分力的矢量线段

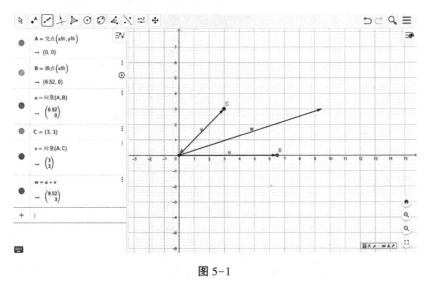

图 5-1

选择"线工具"中的向量"$\nearrow$"功能。在坐标原点点击鼠标左键得到点 A，在 x 轴上的合适位置点击鼠标左键得到点 B。系统会自动创建一条由 A 指向 B 的矢量线段 *AB*，并自动将其命名，如图 5-1 中的矢量线段 *AB* 名称就是 *u*，以后若需要调用该矢量，比如用指令控制这个矢量，*u* 就是这个矢量线段 *AB* 的代号。

同理创建矢量线段 *AC*，系统自动将其命名为 *v*。如图 5-1 所示。

5.1.1.2 求两个分力的矢量和，作矢量平行四边形

在代数输入区输入"w=v+u"，得到 *v+u* 的矢量和 *w*（若直接输入"v+u"，系统将自动为 *v* 和 *u* 的矢量和命名）。绘图区将出现矢量线段 *w*，*w* 正是以 *v*、*u* 为邻边的平行四边形的对角线。

连接 *C* 点与矢量 *w* 末端，*B* 点与矢量 *w* 的末端，得到辅助线段 *CD*、*BD*。在 *CD* 线段和 *BD* 线段上点击鼠标右键，在弹出的属性菜单设置中，通过"样式"工具把它们的线型设置为虚线。

5.1.1.3 将表示合力与分力的三个矢量线段名称改为 *F*，*F₁*，*F₂*

在矢量线段 *v*，*u*，*w* 上点击鼠标右键，选择"重命名"功能或者在"设置"中的标签"名称"中把它们分别命名为 F_1，*F*，F_2。如图 5-2 所示。

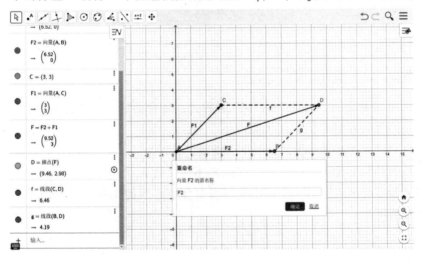

图 5-2

5.1.1.4 隐藏辅助几何对象

在辅助线段 *CD*、*BD* 上点击鼠标右键，在呈现的菜单中，将"显示标签"方框内的"√"去掉，这两条线段的名称 *f*、*g* 就会隐藏。*B* 点、*C* 点与 *D* 点为可动点，移动 *C*、*B* 或者 *D* 点的位置，平行四边形就会动态变化。如图 5-3 所示。

注意：B 点在 x 轴上创建，系统将其默认为 x 轴上的一点，故 B 点只能沿 x 轴移动。A 点在坐标原点上创建，系统将其默认为 x 轴与 y 轴的交点，不能随意移动，但可以随坐标系整体移动。

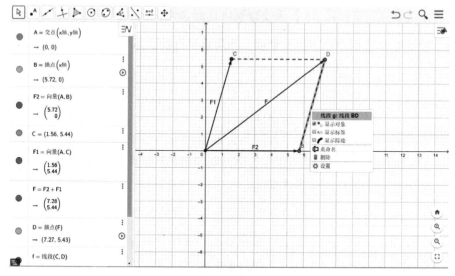

图 5-3

通过上述的操作，就可以顺利地演示力的运算法则遵循平行四边形法则。

5.1.2 进阶任务

利用 GeoGebra 讨论两个大小恒定的力，其合力的大小会随着夹角 α（α 取值范围为 $0° \sim 180°$）的增大而减小。

在完成上述基本任务的基础上，继续进行讨论。

F_2 方向与 x 轴正方向重合，控制 F_2 不变，让 F_1 大小不变，方向从 x 轴正方向开始逆时针旋转 $180°$，得出此过程中合力 F 解的集合，从而判断 F 的大小变化情况。

1. 在 x 轴上方作出以 A 为圆心、以 F_1 的大小为半径的辅助半圆，如 $F_1 = 4$。

作图过程：依次在 $x = -4$ 与 $x = 4$ 处点击一下，得到 E、G 两点。系统将以线段 ED 为直径顺时针作出半圆。如图 5-4 所示。

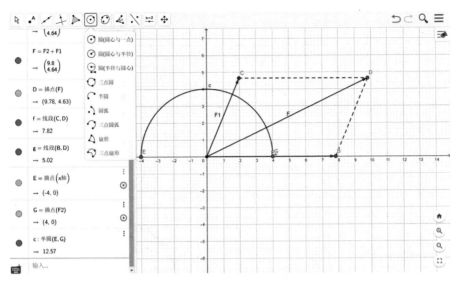

图 5-4

2. 点击"📱"图标，选择"附着/脱离点"，移动 F_1 末端 C 点位置至辅助半圆上，系统会自动将 C 点附着在半圆上。如图 5-5 所示。

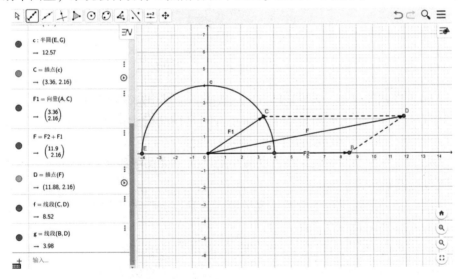

图 5-5

3. 矢量和为 AD 矢量线段，A 点固定，记录下 D 点的位置即可确定合力 F。D 点会跟随 C 点移动而移动。

（1）C 点启动"动画"之前，在 D 点上点击鼠标右键，勾选"显示踪迹"，动态变化过程中即可记录 D 的运动轨迹，从而确定矢量线段 AD 解的集合。

（2）将辅助半圆的线型设置为"虚线"。点击"⚃"图标，选择测量"角度"后，依次点击 G、A、C 点，就能动态看到 ∠GAC 的大小。

（3）在 C 点上点击鼠标右键，勾选"动画"。在 α 从 0°变化到 180° 的过程中，D 点逆时针运动，其运动轨迹是以 B 点为圆心、以 F_1 大小为半径的半圆。如图 5-6 所示。

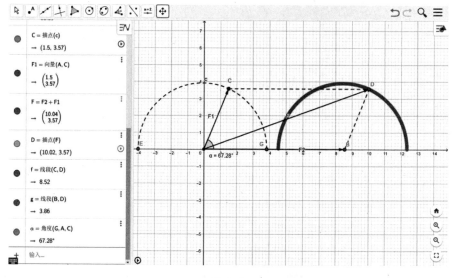

图 5-6

（4）在此过程中，矢量线段 **AD** 一直减小（可用余弦定理进行证明），矢量线段 **AD** 与 x 轴的夹角先增大后减小（可利用角度测量功能测量 ∠BAD 观察），当线段 **AD** 与 **BD** 垂直时夹角最大。

4. 矢量线段 **AD** 的大小一直在减小的结论，可直接利用 GeoGebra 的测量功能进行判断，方法如下。

（1）用矢量线段功能按照 α 逐渐增大的顺序，得到几个表示合力的矢量线段，依次为 **AH**、**AD**、**AI**、**AJ**。

（2）点击"⚃"图标，选择"距离/长度"功能，依次点击 A、H 两点，系统将自动测出矢量线段 **AH** 的长度。同理测出矢量线段 **AD**、**AI**、**AJ** 的长度，直接对比长度大小就可判断合力大小的变化规律。如图 5-7 所示。

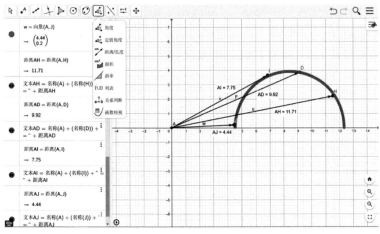

图 5-7

5.2 矢量运算遵循三角形法则

三角形法则其实是平行四边形法则的简化与变形，也就是半个平行四边形。因为省去了辅助线段，所以矢量关系更简洁、直接。本节以求解两个分矢量的矢量和为例进行讨论。

5.2.1 创建首尾相接的矢量

1. 应用"向量"功能，首尾相接依次作出两个分矢量 u 和 v。如图 5-8 所示。

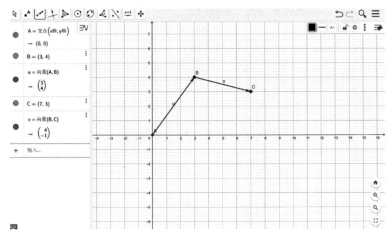

图 5-8

2. 在输入区输入"w＝u+v"，即可得到 *u* 和 *v* 的矢量和 *w*，矢量关系表现为三角形。如图 5-9 所示。同理也可以做减法，如输入"s＝u-v"，即可得到 *u* 和 *v* 的矢量差 *s*，矢量关系也表现为三角形。

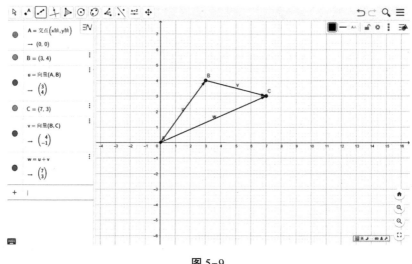

图 5-9

5.2.2 平面内的任意矢量

5.2.2.1 平面内任意创建两个矢量求矢量和

如图 5-10 所示，求 *u* 与 *v* 的矢量和 *s*。在代数输入区直接输入"s＝u+v"，坐标系中将得到矢量和 *s*。

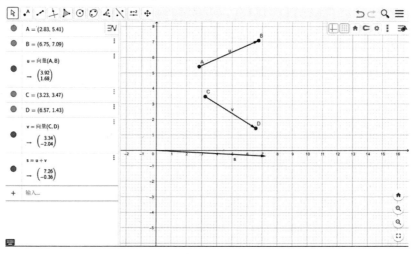

图 5-10

系统默认将坐标原点作为矢量和 *s* 的起点，因为 *u*、*v*、*s* 三个矢量不在一个平行四边形或者三角形中，它们之间的矢量关系不是太明确。

5.2.2.2 平移分矢量 *u*

为了更好地表现矢量之间的关系，可以利用矢量平移功能，将要研究的矢量放到一个三角形或者平行四边形里，方法如下。

1. 点击 "⬚" 图标，选择 "平移" 功能。

在矢量线段 *u* 上点击鼠标左键并一直拖动，系统将创建一个与 *u* 相等的矢量线段 *c*，*c* 跟随光标一起移动。将矢量线段 *c* 的箭尾移动至矢量线段 *v* 的箭头。

在线段 *c* 跟随光标移动的过程中，线段 *u* 位置不变。相当于系统复制了一个与 *u* 相等的矢量线段，该线段能够根据需要进行移动。如图 5-11 所示。

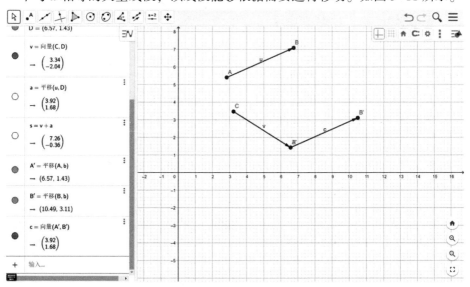

图 5-11

2. 在输入区输入 "s=u+v" 或 "s=u+c"，将得到矢量和 *s*

运行结果如图 5-12 所示，发现矢量和 *s* 的起点又被系统默认为坐标原点了，为了构建矢量三角形还得平移矢量和 *s*。

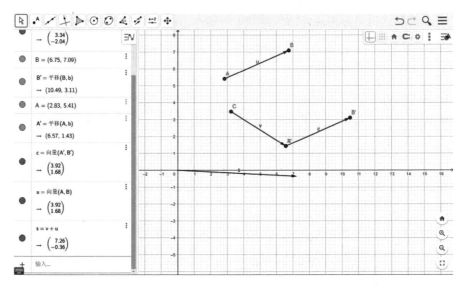

图 5-12

5.2.2.3 将矢量和 s 的起点移至 C 点

在代数输入区的"s=u+v"表达式上点击鼠标右键，在弹出的属性设置菜单中选择"设置"，找到该对话框中的"位置"属性设置菜单。

点击"起点"输入框旁的下三角符号，展开下拉菜单。通过"起点"设置的下拉菜单选择起点为"C"，即可将矢量和 s 的起始点移动至 C 点。如图 5-13 所示。

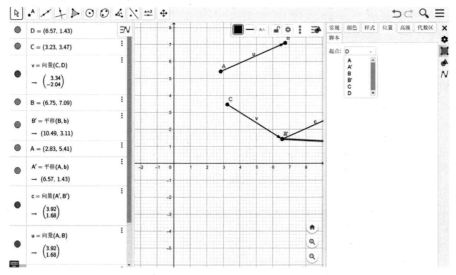

图 5-13

设置完成后，矢量空间关系如图 5-14 所示。*v*、*c*、*s* 三个矢量在一个三角形里面，改变 *u* 或者 *C* 的位置都可以实现矢量三角形动态变化。

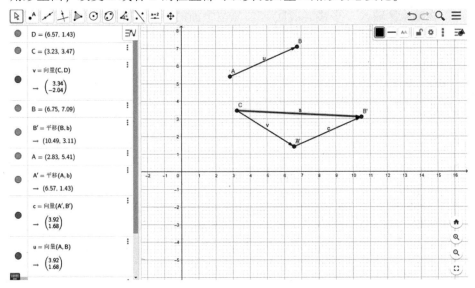

图 5-14

新问题：进行矢量平移操作时，矢量 *v* 与 *c* 首尾相接即要求 *D* 点和 *A′* 点重合，而这两点重合情况是估计的，当再次移动矢量 *c* 时，矢量三角形又被破坏了。如图 5-15 所示。

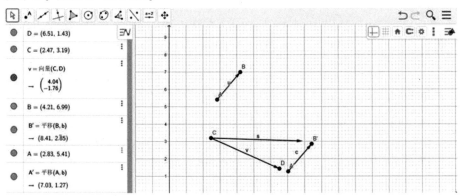

图 5-15

怎么才能实现矢量动态变化时 *D* 点与 *A′* 点重合且不分离，保证矢量三角形不被破坏呢？可以通过"平移"指令实现平移矢量 *u*，且 *u* 必须过 *D* 点。

5.2.3 利用平移指令进行矢量平移

在输入区输入"平移（u, D）"，重复上面的操作，得到上述的矢量三角形，D点与A'点合并为一个点D，此时D点就可以变成动点，可改变v。如图5-16所示。

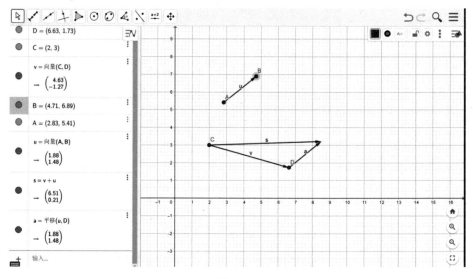

图 5-16

第 6 章 "向量"方向功能的简单应用

GeoGebra 中的向量就是物理学中的矢量,矢量既有大小又有方向,在上一章我们简单练习了矢量计算的操作方法,在这一章里,主要讨论学习利用矢量线段的箭头指示物理量的方向,也会涉及矢量计算结果的呈现。

6.1 单位向量与单位法向量

单位向量是向量的模等于 1 的向量。一个非零向量除以它的模,即可得到其单位向量。在 GeoGebra 中单位向量是向量运算的一个重要参数。单位法向量也是模等于 1 的向量,单位法向量与原向量方向垂直。

可以利用单位向量和单位法向量指示物理量的方向,下面学习如何获得单位向量和单位法向量。

6.1.1 创建一个向量线段

在坐标系中构建一个矢量线段 *AB*,可以用矢量线段连接两个已知点,也可以直接利用向量线段功能画出。如图 6-1,系统将矢量线段命名为 *u*。

6.1.2 求解单位向量

在代数输入区输入"单位向量(u)",即可得到 *u* 的单位向量,图中 6-1 系统将其命名为 *v*。单位向量的模等于 1,其方向与原向量一致。

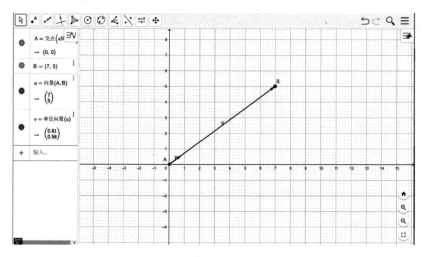

图 6-1

6.1.3 求解单位法向量

在代数输入区输入"单位法向量（u）"，即可得到 *u* 的单位法向量。图 6 -2 中系统将其命名为 *w*。单位法向量的模也等于 1，方向与原向量垂直。

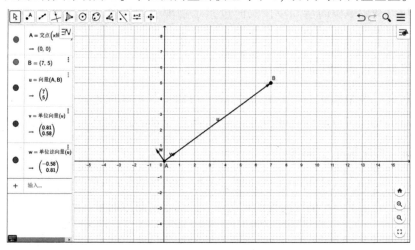

图 6-2

6.1.4 单位向量与单位法向量的平移

单位向量和单位法向量都是起于矢量线段的起始端，用它们描述方向有时会不方便。利用"平移"指令，可以将单位向量平移到需要的位置上，如先在坐标系内任意构建一个点 *C*。

1. 在代数输入区输入"平移（v, B）"，指令的含义为将单位向量 **v** 平移至 B 点为起始端。

2. 在代数输入区输入"平移（w, C）"，指令的含义为将单位法向量 **w** 平移至 C 点为起始端。

如图 6-3 所示，**a**、**b** 是两个单位矢量平移后系统进行的命名。

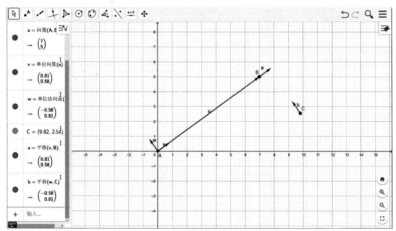

图 6-3

原向量变化，其单位向量与单位法向量都会随之改变。如果系统在其他位置调用了原向量，那么就会引起单位向量和单位法向量的同步变化。

如移动 B 点位置，单位矢量与单位法矢量的方向都会随矢量线段 **AB** 方向的变化而变化。如图 6-4 所示。

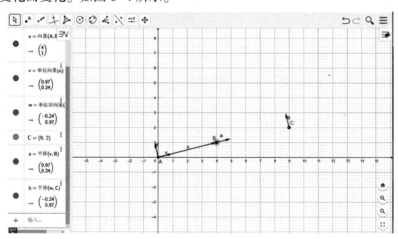

图 6-4

图 6-4 中各几何对象的名称可以使用鼠标左键在一定范围内移动位置。

6.2 单位向量与单位法向量的简单应用

6.2.1 已知各物理量的方向

例题：在匀速圆周运动中，向心力方向与线速度方向垂直。用单位向量和单位法向量动态显示在匀速圆周运动过程中向心力与线速度的方向关系。

1. 利用"向量"线段功能构建一条合适的矢量线段。如用鼠标左键点击坐标原点，再在第一象限的合适位置点击鼠标左键，即可得到矢量线段 *AB*，系统将其命名为 *u*。

2. 输入"单位法向量（u）"，得到 *u* 的单位法向量，系统将其命名为 *v*。

3. 输入"平移（v,B）"，得到与单位法向量 *v* 相等的向量 *w*，用 *w* 描述线速度的方向。至此，可得到如图 6-5 所示的图像。

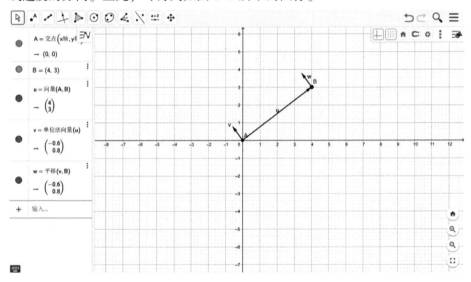

图 6-5

4. 若将 *A* 点设为圆周运动的圆心，*B* 点为做圆周运动的动点，则向心力的方向与 *u* 的方向相反，要由 *B* 指向 *A*。需要一个过 *B* 点，方向与 *u* 的单位向量相反的向量表示向心力的方向。

（1）在输入区输入"单位向量（-u）"，得到单位向量 *a*。

（2）在输入区输入"平移（a,B）"，得到向量 *b*。用向量 *b* 描述向心力的方向。如图 6-6 所示。

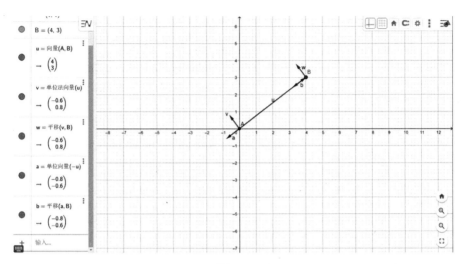

图 6-6

至此已经获得表示线速度与向心力方向的两个矢量线段 *w*，*b*。

5. 设置圆周运动的轨迹圆。选择"圆（圆心与一点）"功能，依次点击 *A* 点和坐标系中的合适位置 *C*，得到以 *A* 为圆心，以 *AC* 线段长度为半径的圆 *c*，圆 *c* 即可作为 *B* 点匀速圆周运动的轨道。点击 *u*、*v*、*a* 前的小圆点将它们隐藏。如图 6-7 所示。

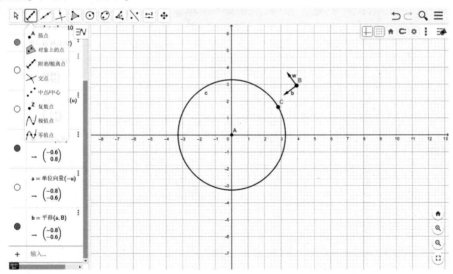

图 6-7

6. 选择"点工具"中的"附着/脱离点"功能。

点击 *B* 点，以鼠标左键将 *B* 点移动至圆 *c* 上，*B* 点将附着在圆 *c* 上，只能

在圆 *c* 的圆周上移动。

7. 在代数输入区内点击 *C* 点前的小圆点，将 *C* 点隐藏。在 *B* 点处点击鼠标右键，勾选 "动画"，*B* 点就可以围绕 *A* 点做圆周运动了。如图 6-8 所示。

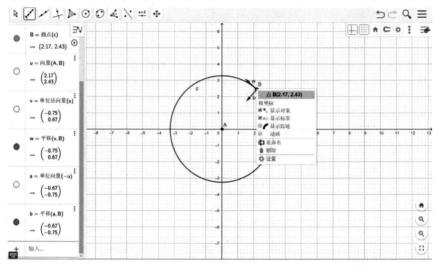

图 6-8

8. 点击坐标系左下角 "播放" 控制按钮，停止 "动画"。鼠标左键点击 *b* 线段，再点击鼠标右键，在弹出的属性菜单 "名称" 中，将矢量线段名称 "*b*" 改为 "*F*"，"*w*" 改为 "*v*"。如图 6-9 所示。

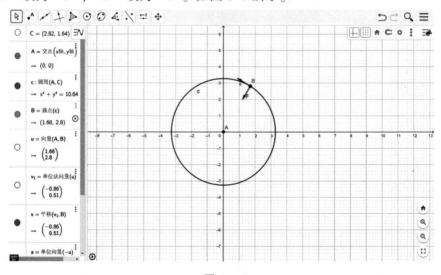

图 6-9

这样就完成了匀速圆周运动中向心力与线速度方向关系的动态演示。

6.2.2 通过计算得到未知物理量

前面学习了利用 GeoGebra 演示力的平行四边形法则，力的合成与分解运算是典型的矢量运算，其他的矢量运算按类似方法处理即可。

再如电场强度叠加原理，若空间存在多个电荷，则空间某点的电场强度是各个电荷在该处产生的电场强度的矢量和。下面学习如何利用 GeoGebra 的计算功能与单位向量功能，计算两个点电荷在空间某处产生的电场强度大小和方向。

例题：在绝缘的水平面上，两个固定的点电荷电量分别为 q_1，q_2，放置在已知坐标的 A、B 两点上。求该平面中任意位置 C 的电场强度的大小和方向。要求：两个电荷的电荷量可调，C 空间位置可调。

1. 创建电量可调的点电荷

为了实现电荷量可调，先学习一个滑动条功能。点击 "⊞" 图标，选择 "滑动条" 功能创建电量滑动条。也可以直接在输入区输入 "q1" 后回车，在输入区将看到数值区间为 $-5 \sim 5$ 的 q_1 滑动条。同理，再输入 "q2" 后回车，在输入区将看到数值区间在 $-5 \sim 5$ 的 q_2 滑动条。若滑动条没有显示在绘图区域，点击两个滑动条前的小圆圈即可。如图 6-10 所示。

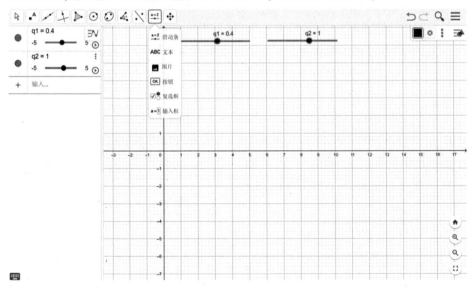

图 6-10

在滑动条上点击鼠标右键，可以设置它的参数。"最小"设置的是滑动条变化区间的最小值，"最大"设置的是滑动条变化区间的最大值，"增量"设置的是滑动条每移动一下，滑动条数值对应的变化量。这样，两个点电荷的电荷电量 q_1，q_2 就可调了。如图 6-11 所示。

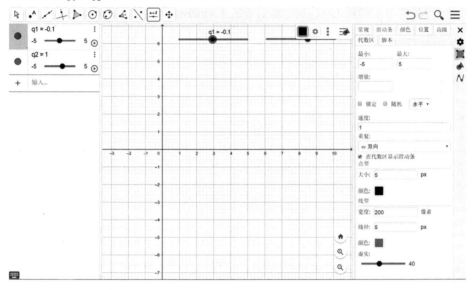

图 6-11

2. 完成 q_1，q_2 滑动条的设置，获得两个可调的电荷量。在输入区输入静电力常量 "$k = 9 \times 10^9$"。"10^9" 输入方法是 "10^9"。

3. 在坐标系的合适位置设置点 A、B、C。

A、B 两点放置场源电荷 q_1，q_2，C 处放置检验电荷。根据点电荷场强公式：$E = k \cdot q/r^2$，点电荷在空间某处产生电场的场强由场源电荷决定，与检验电荷无关。

4. 为了图像能在坐标系中较好地呈现，q_1 和 q_2 的电量设置为 $-5 \times 10^{-9} \sim 5 \times 10^{-9}$，增量为 10^{-9}。可能会发现 q_1，q_2 电量无论如何调节都显示为零，这是小数点后面位数设置问题。点击 "⚙" 图标，将精确度设置为 "保留 10 位小数" 就可以显示了。如图 6-12 所示。

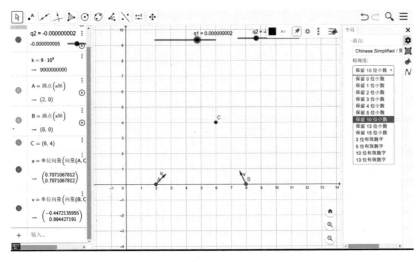

图 6-12

5. 在输入区输入"单位向量（向量（A, C））"，得到由 A 指向 C 的单位向量 u。在输入区输入"单位向量（向量（B, C））"，得到由 B 指向 C 的单位向量 v。如图 6-13 所示。

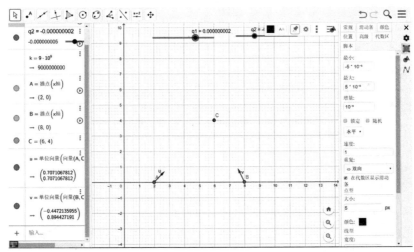

图 6-13

从上述的输入内容来看，GeoGebra 的指令是可以嵌套的。嵌套指令可以简化操作步骤，读者可以在以后的程序设计中尝试使用。

6. 计算 q_1，q_2 在 C 点产生的场强 E_1，E_2

在输入区输入"K * q1/距离（A, C）* u"得到表示场强 E_1 的矢量线段 w。输入"平移（w, C）"，得到表示 E_1 的矢量线段 a。

在输入区输入"K∗q2/距离（B, C）∗v"得到表示场强 E_2 的矢量线段 **b**。输入"平移（b, C）"，得到表示 E_2 的矢量线段 **c**。

这样就作出了表示 q_1，q_2在 C 点各自产生的场强 E_1，E_2 的矢量线段 **c** 和 **a**。如图 6-14 所示。

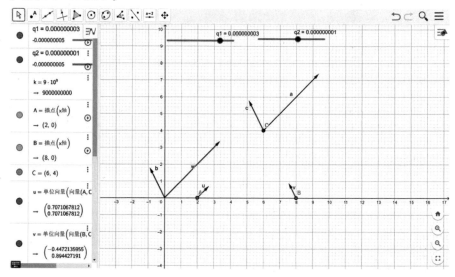

图 6-14

7. 将矢量线段 **a** 改名为 E_1，将矢量线段 **c** 改名为 E_2。点击矢量 **b** 和 **w** 前的小圆圈，将 **b** 和 **w** 隐藏。如图 6-15 所示。

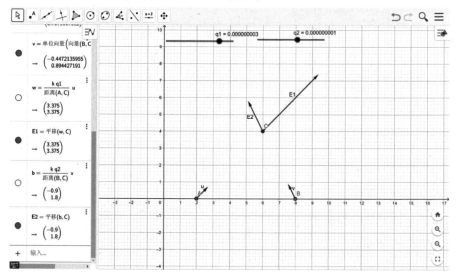

图 6-15

至此,通过改变 A、B、C 三个点的位置,用滑动条改变 q_1,q_2 的电量,就可以实现 E_1、E_2 的动态变化。

8. 显示 E_1 与 E_2 矢量大小的设置

常用两种方式获得矢量线段表示的矢量大小。

在输入区输入 "E_ 1＝｜E1｜",得到矢量线段 E_1 的大小 E_1;在输入区输入 "E_ 2＝｜E2｜",得到矢量线段 E_2 的大小 E_2。

也可以在输入区输入 "K＊q1/距离(A,C)"得到 E_1 的大小;在输入区输入 "K＊q2/距离(B,C)"得到 E_2 的大小。

按住鼠标左键,直接在输入区中将 E_1、E_2 表达式拖入绘图区,点击 "$\boxed{a=2}$" 图标,选择 "文本"功能,输入两个电场强度的单位 "N/C"。

调节几个显示文本的位置,E_1、E_2 的瞬时值会随着 A、B、C 位置的变化和 q_1、q_2 电量的变化相应变化。如图 6-16 所示。

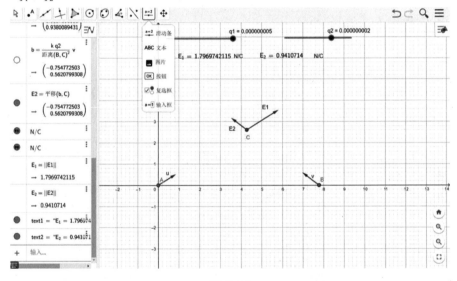

图 6-16

9. 电场强度矢量和 E 的大小,如图 6-17 所示。

在输入区输入 "E1+E2",得到矢量线段 a。在代数输入区输入指令 "平移(a,C)",得到过 C 点的 E_1 与 E_2 的矢量和,将其改名为 E。点击矢量线段 a 前的小圆圈,将其隐藏。

分别连接 E_2、E、E_1 矢量的箭头,构建平行四边形。将辅助线段 f、g 设置为虚线,就能得到一个可以动态变化的矢量平行四边形了。

在输入区输入 "E 合＝｜E｜",用鼠标左键把这个表达式直接拖入绘图区,利用文本输入功能输入电场强度的单位 "N/C",调整几个文本至合适的显示位置。

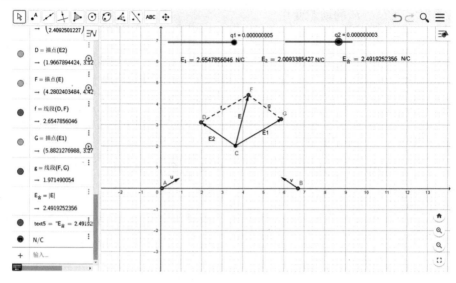

图 6-17

10. 电场强度矢量和 E 的方向。

点击测量图标"⊿"，选择"角度"。依次点击 E_1 和 E，系统将显示 $\angle GCF$ 的大小。依次点击 E，E_2 将显示 $\angle FCD$ 的大小。如图 6-18 所示。

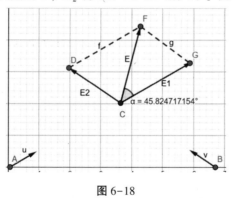

图 6-18

11. 测量矢量和 E 与已知方向的夹角

可以平移 E 的单位向量到已知方向上的某一点，在单位矢量和已知方向上再构建两个参考点。

如图 6-19 所示。β 角就是平移 E 的单位矢量至 x 轴上的 H 点，利用"点工具"在单位矢量上构建 J 点，在 x 轴上构建 I 点。利用角度测量工具，依次点击 I，H，J 三个点就可以测量出 E 与水平方向的夹角 β。

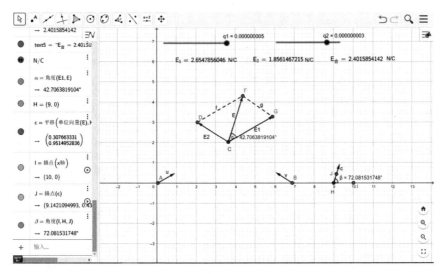

图 6-19

6.2.3 利用动态变化的矢量，验证特殊位置合场强的重要结论

可以利用上述两个点电荷场强合成的例子验证几个重要结论。

1. 验证等量的异种电荷在其连线的中垂线上，场强的方向与中垂线垂直

移动 A 点至 $(-3, 0)$，B 点至 $(3, 0)$，则 y 轴为 A、B 两个电荷连线的中垂线。

移动 C 点至 y 轴，则 C 点为点电荷连线中垂线上的点，如图 6-20 所示，将 C 移至 $(0, 3)$。

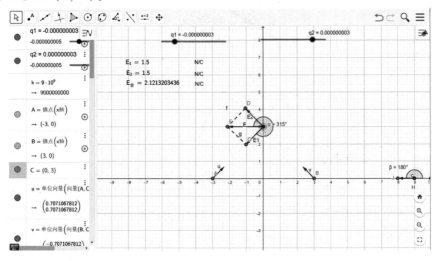

图 6-20

移动滑动条，得到两个等量异种电荷。如两个电荷电量设置为$-3×10^{-9}$ C 和 $3×10^{-9}$ C。

E 的单位向量与 x 轴夹角 $β=180°$，可得出 E 方向与中垂线 y 垂直的结论。

不断向 y 的正方向移动 C 点，E 方向与中垂线 y 垂直的结论始终成立。

2. 验证等量的异种电荷连线中垂线上，从中垂点到无穷远电场强度逐渐减小

利用显示 F 点的踪迹即可直观判断 E 的大小变化情况。

为了演示更直观，可在 y 轴上画一条射线，让 C 点附着其上，使用"动画"功能让 C 点在该射线上移动，等效于 C 点在 y 轴上移动。

点击 "☑" 图标，选择"射线"功能，点击坐标原点和 y 轴正方向上的一点，得到指向正无穷远的射线 h。

点击 "⨀" 图标，选择"附着/脱离点"功能，移动 C 点至射线 h 上，C 点自动附着其上。

在 C 点上点击鼠标右键，在其属性菜单中勾选"动画"。

运行后会得到如图 6-21 所示的图像，可得等量异种电荷连线中垂线上的场强大小，从中垂点到无穷远逐渐减小。

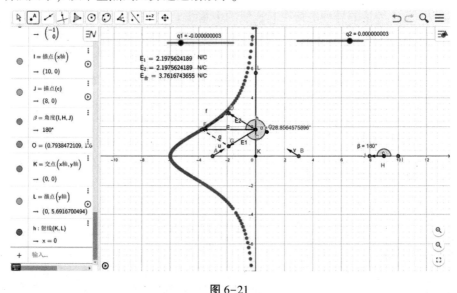

图 6-21

3. 验证等量异种电荷产生的电场的场强，在它们之间的连线上场强先减小后增大

我们先学习一个指令：法向量。法向量与原向量方向垂直，大小相等。下面做一个求法向量的演示。

在 x 轴上利用"〽"中的"向量"功能，建构一个向量 u。在输入区输入"法向量（u）"，即可得到 u 的法向量 v。如图 6-22 所示。

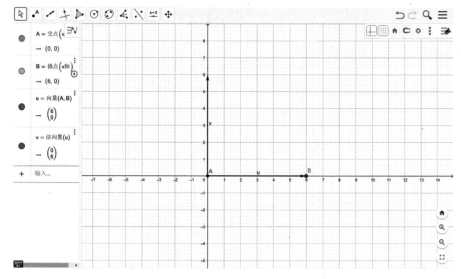

图 6-22

4. 等量异种电荷连线上场强大小变化的动态演示

在上述讨论的基础上，让 C 点在两个电荷连线上移动，动态显示场强的大小变化。在两个电荷的连线上，场强的方向和连线的方向相同，很难动态观察合场强的大小变化，要利用"法向量"指令。

在输入区输入"法向量（E）"。得到与表示合场强大小 E 的矢量线段大小相等，方向垂直的法向量 d，d 与 E 的变化始终同步。如图 6-23 所示。

点击"〽"图标，选择"线段"功能，连接 A、B 两点。点击"⊙"选择"附着/脱离点"功能，移动 C 点至 AB 线段上，C 点将自动附着其上。

线段也可以显示踪迹。在表示场强大小的法向量 d 上点击鼠标右键，在属性菜单中勾选"显示踪迹"。

在 C 点上点击鼠标右键，在属性设置菜单中勾选"动画"。

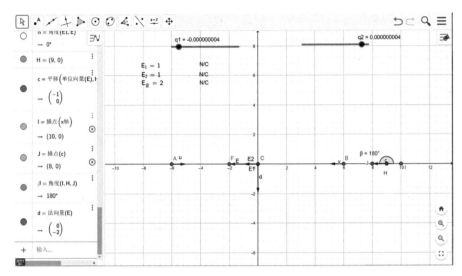

图 6-23

运行后得到如图 6-24 所示的图像。

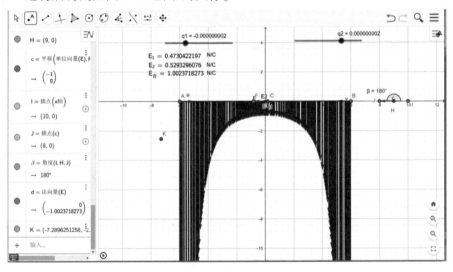

图 6-24

从图中可以看出，表示电场强度矢量合大小的线段长度从 A 到 B 先增大后减小。

若在法向量 **d** 的末端设置一个点，也可用该点的踪迹反应 **d** 长度的变化。如：

点击 " ", 选择描点功能。在法向量 **d** 的末端点击一下，获得点 K。在 K 上点击鼠标右键，在属性菜单中勾选"显示踪迹"和"动画"。可以获得如

图 6-25 所示的图像。

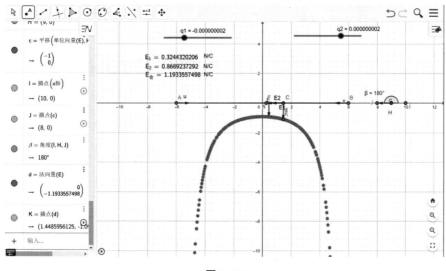

图 6-25

　　本章主要利用几个例子学习了向量、单位向量、法向量、单位法向量在物理学中的简单应用，复习了指令输入和指令嵌套。新手可以仿照示例一步一步地操作一遍，相信过后就能举一反三，作出一些好看好用的动态课件。

第7章 "旋转"与"对称"功能的简单应用

对称思维是重要的物理思维方法，研究对象在运动过程中出现时空对称是常见的物理现象，比如圆周运动的周期性问题、平面镜成像的物像对称问题等。旋转是研究对象空间位置演变的重要运动方式，如力以某点为中心缓慢旋转带来的动态平衡问题、光的折射问题等。

7.1 矢量的定角度旋转

对研究对象使用"旋转"指令，可实现指定角度旋转的功能。若想了解"旋转"指令的使用格式，只需在代数输入区输入"旋转"，系统就会自动弹出指令使用提示。其他的指令用法也可以这样去了解与学习。"旋转"指令的使用规则如图7-1所示。

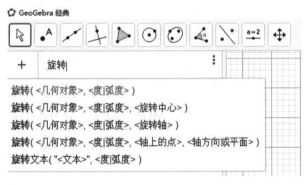

图 7-1

7.1.1 使用"矢量"线段功能，构建矢量 *u*

构建矢量线段 *u*，可在 *u* 上点击鼠标右键，在属性菜单中的"代数区"选择"坐标"为"极坐标"，就可以知道矢量线段 *u* 的长度及偏角。如图7-2所示。

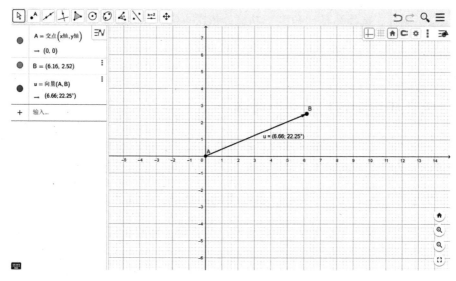

图 7-2

7.1.2 矢量旋转

在代数输入区输入"旋转（u, 30°, A）"，指令含义是将矢量线段 **u** 以 A 为中心逆时针旋转 30°，旋转后得到矢量 **u′**。如图 7-3 所示，根据其极坐标数值，能知道矢量线段长度不变，偏角由 22.25° 增大到了 52.25°。

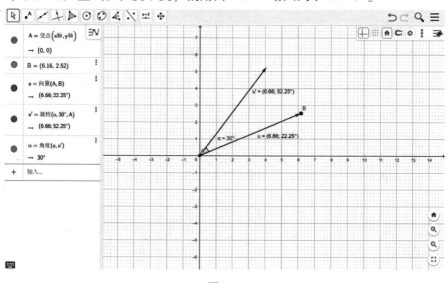

图 7-3

若矢量不用极坐标表示，也可以利用角度测量功能测量矢量偏角。点击

"⚝"图标，选择测量"角度"功能。依次点击矢量线段 *u* 和 *u*′，可得夹角 $\alpha = 30°$。α 角的大小正是 *u* 逆时针旋转的角度。

7.2 矢量旋转角度动态可调

旋转角度要实现动态可调或者输入特定角度能进行旋转，可将要旋转的角度设定为滑动条或设置角度输入框。

7.2.1 点击"⊟"图标，选择滑动条功能，点选"角度"

可得通过滑动条控制的、可动态变化的 β 角，初始赋值为 45°。如图 7-4 所示。

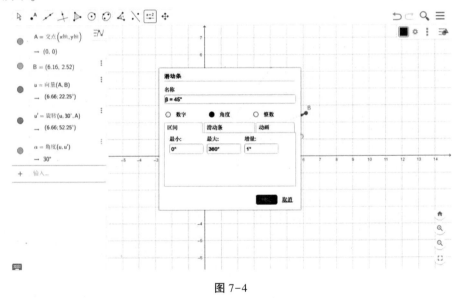

图 7-4

7.2.2 点击"⊟"图标，选择"输入框"功能

在坐标系的合适位置点击鼠标左键，会弹出输入框设置对话框。输入标题，如"β="，将关联对象设置为"β=45°"，就得到了一个角度输入框。如图 7-5 所示。

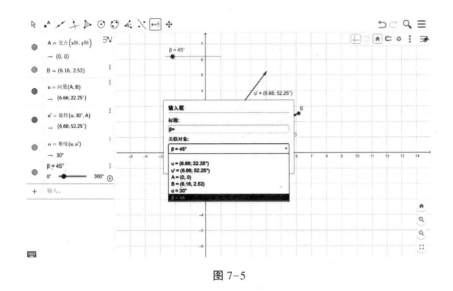

图 7-5

7.2.3 用 "β 滑动条" 实现旋转角度动态可调

在代数输入区中输入 "旋转（u，β，A）"，指令含义是将矢量线段 *u* 以 A 为中心逆时针旋转 β 角。

将旋转后得到的矢量线段 *u'* 设置为"显示踪迹"，用滑动条将 β 调至 0，按 Ctrl+F 可清除已记录的踪迹。

在 β 滑动条上点击鼠标右键，在弹出的属性菜单中选择"动画"，可以点击左下角的"播放键"执行暂停动画。上述操作得到的图像如图 7-6 所示。

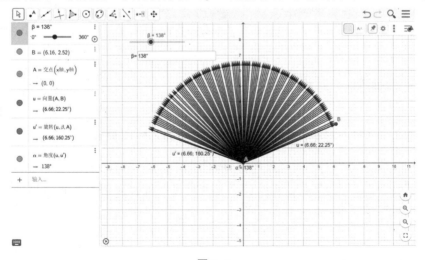

图 7-6

7.2.4 用 "β 输入框" 实现旋转角度动态可调

为避免干扰，先取消 u' 的 "显示踪迹" 设置，在 β 输入框中输入滑动条限定角度范围内的任意值。

滑动条中因为 "增量" 的设置，用滑动条改变 β 只能取若干特定的数值。而 "输入框" 则可精确输入特定的角度值，不受滑动条 "增量" 设置的影响。

如在 β 输入框中输入 56.78°，矢量线段 u 旋转情况如图 7-7 所示。

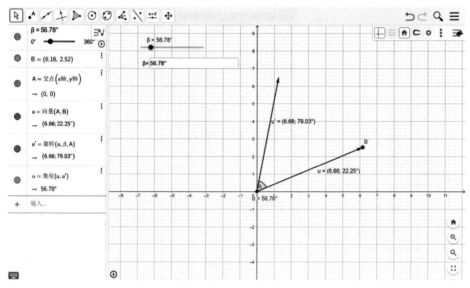

图 7-7

7.3 图形 "对称" 功能的应用

7.3.1 "中心对称" 与 "轴对称" 功能的几何工具操作

GeoGebra 可以对几何对象进行对称绘图，对导入的图片也可以进行对称绘图操作。图 7-8 就是把笔者家小狗 "豆包" 的照片进行了轴对称作图的结果。

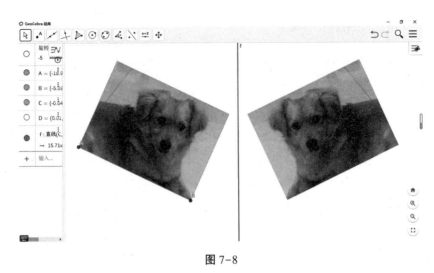

图 7-8

点击"⊠"图标，选择"轴对称"或者"中心对称"功能。先选择研究对象，再选择对称轴或者对称中心即可。如图 7-9 所示。

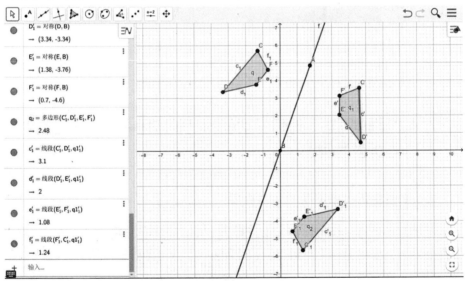

图 7-9

利用"多边形"工具任意构建四边形 q。

利用"直线"工具构建过 A、B 两点的直线 f。

选择"⊠"轴对称功能。先点击四边形 q，再点击直线 f，得到四边形 q 关于直线 f 的轴对称图形 q_1。

选择"∴"中心对称功能。先点击四边形 q，再点击点 B，得到四边形 q

关于点 B 的中心对称图形 q_2。

7.3.2 "中心对称"与"轴对称"功能的相关指令

利用"对称"指令工具进行操作，如在代数输入区输入"对称（q，A）"，将得到四边形 q 关于点 A 的中心对称图形 q'。如图 7-10 所示。

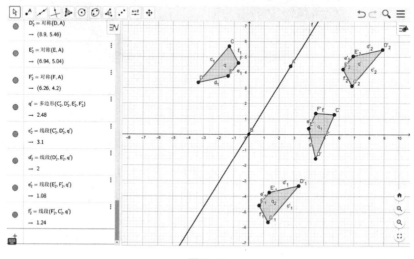

图 7-10

7.4 "旋转"与"对称"功能的简单应用——以光的反射与折射为例

7.4.1 创建折射率不同的两种介质

利用文本工具，在坐标轴 x 上方输入"真空"，下方输入"介质"。以 x 轴为分界面，坐标原点为入射点，y 轴为法线。点击工具栏"$\boxed{\diagup}$"，选择"直线"功能。在 y 轴上用鼠标左键点击两个位置，得到直线 g。如图 7-11 所示。

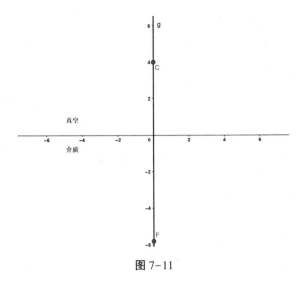

图 7-11

7.4.2 创建入射光线所在的直线辅助线

创建滑动条 k，将其变化范围设置为 "$-5 \sim 0$"。在代数输入区输入 "kx"，获得函数 "$f(x) = kx$"，将其图像线型设置为虚线。$f(x)$ 的斜率可以通过滑动条 k 改变。

7.4.3 创建入射光线

利用 "向量" 线段工具，在 $f(x)$ 第二象限的图像上取一点，画一条终点在坐标原点的矢量线段，如图 7-12 中的 **u**。矢量线段 **u** 就表示入射光线。

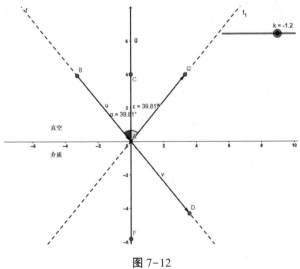

图 7-12

在 $f(x)$ 第四象限的图像上取一点，画一条起点在坐标原点的矢量线段，如图 7-12 中的 v。矢量线段 v 表示入射光线在介质中偏折前的原方向。

7.4.4 创建反射光线

在代数输入区输入"对称（f, g）"，其含义是作出函数图像 f 关于直线 g 对称的图像，得到坐标系中的函数图像 f_1。使用对称指令的原因是入射光线与反射光线要始终关于 y 轴对称，f 直线可以通过对称关系控制直线 f_1。

在函数 f_1 第一象限的图像上取一点，画一条起点在坐标原点的矢量线段，如图 7-12 中的 w。矢量线段 w 就表示反射光线。

经过上述过程的操作，得到如下设置结果。

矢量线段 u 作为入射光线，矢量线段 w 作为反射光线。

按照介质的折射率算得旋转角后，v 以 A 点为圆心旋转，得到一个新的矢量线段 v'，v' 就是折射光线。

当用滑动条改变 k 的取值时，u、v、w 三条矢量线段的方向同步变化，可用角度测量工具" "测出 u 与 y 轴的夹角，即为入射角；测出 w 与 y 轴的夹角，即为反射角。

7.4.5 设置折射率

创建滑动条 n，n 表示介质的折射率。将 n 的取值范围设置为 0～3。

7.4.6 计算折射角

代数输入区输入"asin(sin(α))/n"，得到折射角 β。在代数输入区输入"$\alpha-\beta$"得到角度 γ。

7.4.7 确定折射光线

在代数输入区输入"旋转（v, γ, A）"，指令含义是矢量线段 v 以 A 点为中心顺时针旋转角度 γ，即可得表示折射光线的矢量线段 v'。在 v' 上设置辅助点 E 以便进行角度测量。如图 7-13 所示。

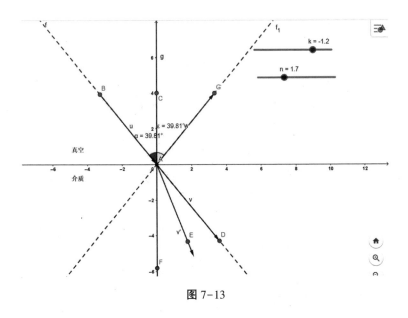

图 7-13

7.4.8 测量折射角

在代数输入区输入指令"角度（F, A, E)"或者使用角度测量工具" 🔺 "即可测量折射角。

将矢量线段 v 及各个辅助点隐藏，将矢量线段 v、w、v' 重命名为"入射光线""反射光线""折射光线"。如图 7-14 所示。

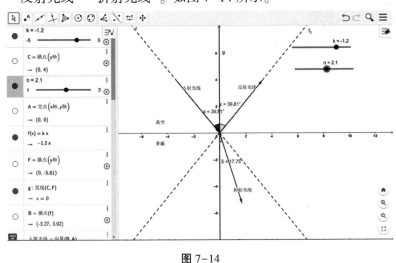

图 7-14

至此，光的反射与折射定律就可以动态演示了。调节 k，可改变入射角；调节 n，可改变介质折射率。

第 8 章 "函数"功能的简单应用

物理公式反映的是物理量之间的数量关系与单位关系，物理量之间的数量关系本质就是物理量之间的函数关系。

GeoGebra 的代数输入区可以直接输入函数关系，以数形结合的思维进行分析。下面通过几个实例进行讨论学习。

8.1 函数的定义域设定与函数运算

例题：甲车以 10m/s 的速度在平直的公路上匀速行驶，乙车以 4m/s 的速度与甲车平行同向匀速行驶。甲车经过乙车旁边时，甲车开始以 1m/s² 的加速度刹车，从甲车开始刹车计时，求：（1）乙车在追上甲车前，两车的最大间距。（2）乙车追上甲车所用的时间。

利用 GeoGebra 对上述例题进行数形结合分析，操作如下。

8.1.1 输入例题

点击 " a=2 " 图标，选择 "文本" 功能，输入例题中的文字。可点击 "LaTeX 数学式" 进行版面调整。点击输入栏下方的 "高级" 标签，可以输入特殊符号或者预览文字排版效果。

8.1.2 设置坐标系

坐标系设置为 $x\text{-}t$ 坐标系。x 轴设置为 "只显示正方向"，单位分别设置为 m 与 s。

8.1.3 锁定文本框

在文字上方点击鼠标右键，在弹出的对话框中勾选 "锁定到屏幕"。这样可以在调整坐标系的位置与参数时，使文字的位置不变。如图 8-1 所示。

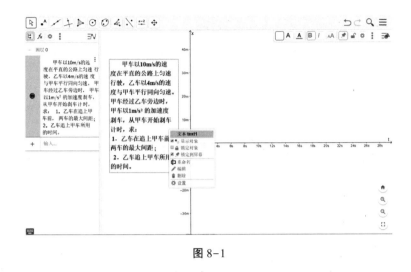

图 8-1

8.1.4 输入函数方程

根据运动学规律可知，甲车的位移方程为 $s_1 = 10t - t^2/2$，乙车的位移方程为 $s_2 = 4t$。

在代数输入区输入："4x"，系统自动命名为"$f(x)$"，得到了表示乙车位移的表达式"$f(x) = 4x$"。

在代数输入区输入"10x-x^2/2"，系统自动命名为"$g(x)$"，得到了表示甲车位移的表达式"$g(x) = 10x - x^2/2$"。

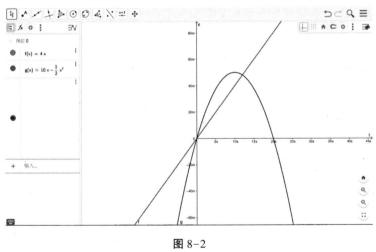

图 8-2

在输入甲、乙两车位移方程的同时，在绘图区坐标系中呈现出了甲、乙两车的位移时间图像。如图 8-2 所示。

8.1.5 利用函数指令，设置区间函数

根据题意易知，甲车行驶 10s 后即停止，甲车时间的定义域为 0～10s，乙车时间的定义域为 $t \geq 0$。可以利用"函数"指令获得甲、乙两车相应定义域内的图像。点击图像，在右上角的图像属性中将"线型"设置为虚线。如图 8-3 所示。

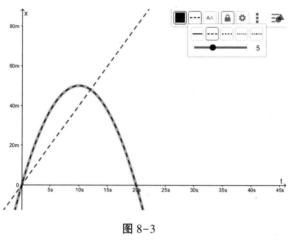

图 8-3

在代数输入区输入："函数（f, 0, ∞）"，指令含义是将函数 f 的定义域设置为 0～∞。系统自动将这段函数命名为"$h(x)$"。

在代数输入区输入："函数（g, 0, 10）"，指令含义是将函数 g 的定义域设置为 0～10s。系统自动将这段函数命名为"$p(x)$"。

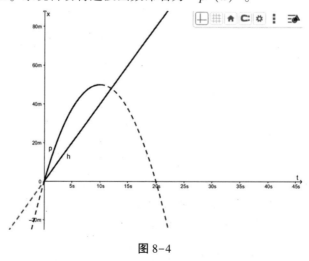

图 8-4

部分函数 h 与部分函数 p 是有物理意义的两部分图像，默认线型为实线，

实线与虚线的关系呈现如图 8-4 所示。

8.1.6 设置位移差函数

在代数输入区输入 "p-h"，系统自动将 p 与 h 的函数差值命名为一个新的函数 q。函数 q 的时间定义域与 p 相同，表示甲、乙两车的位移差。如图 8-5 所示。

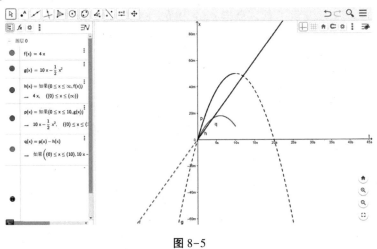

图 8-5

在输入区输入 "最大值 $(q, 0, 10)$"，系统自动将该位置命名为 "A"。如图 8-6 所示，在 "A" 点上点击鼠标右键，弹出属性设置菜单，在 "显示标签" 中选择 "名称与数值"。

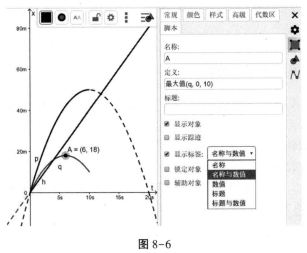

图 8-6

A 点坐标值（6，18）显示在坐标系中。即 $t = 6\text{s}$ 时，甲乙两车位移差最大，数值为 18 米。

8.1.7 求甲车停下，即 $t=10s$ 时的两车的位移

在代数输入区输入"x = 10"，得到辅助线 e。求出 e 与 p、h 交点的纵坐标即可得到 $t=10s$ 甲乙两车的位移。

在代数输入区输入"交点（p, e）"和"交点（h, e）"，或者使用"点工具"中的"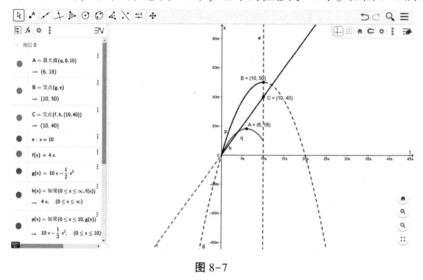"交点工具，点击 p、e 和 h、e 的交点，得到交点 B、C。

在 B、C 的属性菜单中将"显示标签"设置为"名称和数值"，得到 C 点坐标为（10，40），B 点坐标为（10，50）。

即 $t=10s$ 时，甲车的位移为 50 米，乙车的位移为 40 米。如图 8-7 所示。

图 8-7

8.1.8 相遇时的位移与时间

由于甲车位移为 50m 时停止，乙车的位移也为 50m 时即可追上甲车。作图求解过程如下。

1. 在代数输入区输入"y = 50"，得到辅助线 r 并将其线型设置为虚线。

2. 在代数输入区输入"交点（h, r）"，得交点 D。在 D 的属性菜单中将其"显示标签"设置为"名称和数值"，D 坐标显示为（12.5，50）。即 $t=12.5s$ 时乙车追上甲车。如图 8-8 所示。

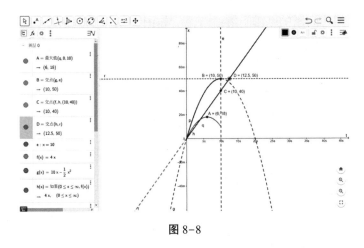

图 8-8

任务拓展：在上述例题的基础上，若乙车的速度可以变化，有可能在甲车停止前就相遇了，如此一来，能否实现动态演示甲、乙的 x-t 图像的变化情况？能否任意输入乙车的速度得到两车相遇前的最大距离？接下来继续讨论学习。

8.2 函数的动态变化与输入变量值的设置

函数要实现动态变化，将自变量的系数设置为一个可以调节的变量即可实现，比如用滑动条控制。若要直接输入变量值，可以用控制工具 " a=2 " 中的 " a=1 输入框 " 实现。

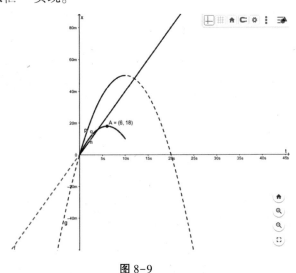

图 8-9

在追及相遇问题的基础上继续讨论。如图 8-9 中，p 是甲车的位移–时间图像，h 是乙车的位移–时间图像，q 是它们的间距–时间图像。

任务：保持甲车的运动情况不变，初始乙车的速度设置为动态可调。当然，乙车的变化也会引起甲、乙两车的"间距–时间"图像随之动态变化。

8.2.1 设置乙车的速度

甲车的最大速度是 10m/s，将乙车的速度变化范围设置为 0～10m/s。

在代数输入区输入字母"n"，系统将默认 n 是一个变量，会自动创建一个滑动条，点击其前的圆圈，滑动条就可以显示在坐标系里。

也可以直接用"滑动条工具"创建，并将创建的滑动条命名为"n"。在滑动条 n 上点击鼠标右键，在弹出的属性设置菜单中设置 n "最小"为"0"，"最大"为"10"，

若用动画进行动态显示，可以选择"重复"为"递增（一次）"，对象就不会往复运动，动画的演示就能与物体的实际运动情况相符。

"增量"是指滑动条上的控制点移动是最小的变化值，可根据需要进行调整。如图 8-10 所示。

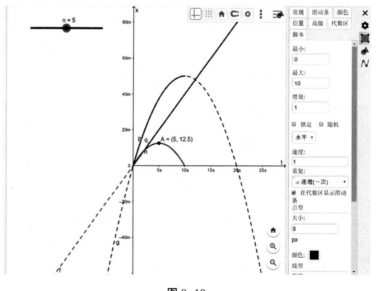

图 8-10

8.2.2 乙车的速度可以动态变化地实现

将匀速运动的乙车的位移设置为 $s = nt$，n 为可变化的速度。

在代数输入区输入"n x"，得到对应的函数图像，系统自动将其命名为"r"。

在代数输入区输入"交点（p, r）"，得到两个交点，其中一个是坐标原点，另一个交点系统将其命名为 B_2。

在 B_2 点上点击鼠标右键，在弹出的属性设置菜单中，将"显示标签"设置为"名称和数值"，B_2 点坐标值将显示在坐标系里，即可根据坐标值判断相遇的位置与时刻。如图 8-11 所示。

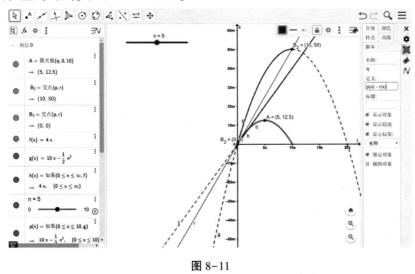

图 8-11

为了让间距-时间函数 p 动态反映甲、乙两车的距离关系，点击图像 q，直接将其修改为"p-r"。因为 p 不变，r 动态变化则 q 随之动态变化。

8.2.3 动态演示设置

表示乙车的位移-时间的图像 r，表示甲、乙两车间距-时间图像的 q 会动态变化。在图像 r 和 q 上分别点击鼠标右键，在弹出的属性设置菜单中勾选"显示踪迹"，将滑动条拖至 0，鼠标右键在属性菜单中勾选"动画"。

动态变化如图 8-12 所示。如 $n = 6$ 时，交点坐标显示为（8, 48），间距最大值坐标显示为（4, 8）。即 $t = 8s$ 时，甲、乙两车在 48m 处相遇。两车运行过程中的最大间距为 8m，对应的时刻为 $t = 4s$。

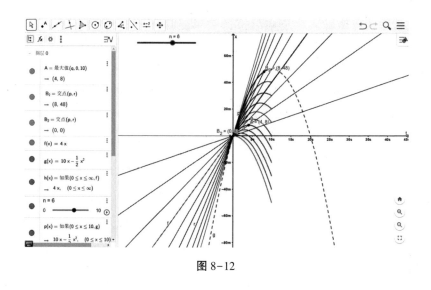

图 8-12

8.2.4 输入任意 n 的数值，计算相遇位置的坐标与相距最远位置的坐标

按"Ctrl+F"组合键即可清除坐标系记录的各个对象的运动踪迹（稍移动一下坐标系也能清除，但不建议使用）。

点击" a=2 "，选择"输入框功能"。

在坐标系的合适位置点击鼠标左键，将弹出如图对话框。"标题"框内输入"n="，点击"关联对象"空白处，下拉框中选择"n=5"，即可同步控制滑动条 n 的大小。如图 8-13 所示。

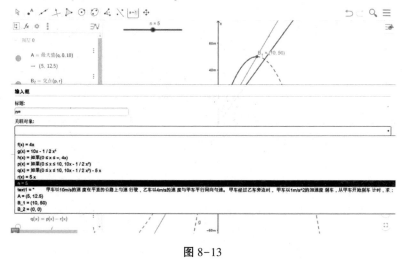

图 8-13

如图 8-14 所示，在滑动条 n 的取值范围内，可以输入任意值，而且这个

值不受滑动条"增量"中设置的限制。

　　若"n 输入框"无法在屏幕上移动，在其上点击鼠标右键，去除"锁定到屏幕"选择即可。如图 8-14 所示。

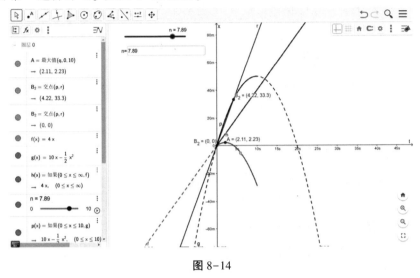

图 8-14

8.3　GeoGebra 函数作图功能应用——以分压与限流电路为例

　　GeoGebra 的函数作图功能非常强大，可以将所要研究物理量的函数表达式在代数输入区输入，再根据物理图像进行相关分析。

　　下面以分压与限流电路两种控制电路的选择依据为例进行讨论。

　　分压与限流电路在电学实验中是控制电路，主要功能是调节工作电路的电压参数。正确选择分压或者限流电路是高中物理教学的一个重难点，下面仅从两种电路的电压调节范围角度出发，利用 GeoGebra 协助理解选择分压或者限流电路的依据。假设电源内电阻为零，电动势为 $E = 12\text{V}$。

8.3.1　输入电路图示

　　点击"$\boxed{\text{a=2}}$"图标，选择"图片"功能，在电脑中选择相应的图片文件后确定即可，如图 8-15、8-16 所示。

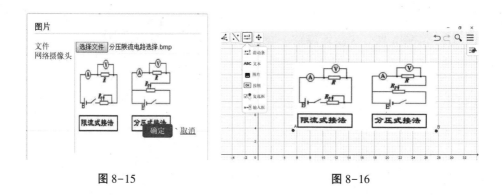

图 8-15　　　　　　　　　　　　　　　　图 8-16

8.3.2 物理参数设置

可通过 A、B 两点调整图片大小并将其拖至合适的位置。工作电路的阻值为 R，在限流控制电路中设 R_p 接入电路的阻值为 x，在分压控制电路中，设与工作电阻 R 并联部分电阻为 x。将 R 与 R_p 设置为滑动条以便根据需要调节。

8.3.3 分压与限流电路的函数关系分析

限流控制电路中，R 两端电压的表达式：$(R \cdot E)/(R+x)$ $(x>0)$。分压控制电路中，R 两端电压的表达式：$(R \cdot x \cdot E)/(R \cdot x+(R+x)(R\_P-x))$ $(0<x<R\_P)$，$E=12V$，把两个关系式在代数输入区分别输入，系统将其命名为 $a(x)$ 和 $f(x)$。

8.3.4 动态观察限流式接法对电路的控制作用

在代数输入区点击 $f(x)$ 与 R_p 滑动条前的小圆圈，将它们隐藏，将 $a(x)$ 图像的线型设置为虚线，并设置为"显示踪迹"。

如图 8-17，从下到上 5 条虚线分别对应工作电阻分别为 $R=1\Omega$、2Ω、3Ω、4Ω、5Ω 时，滑动变阻器 R_p 接入电路的阻值 x 与 R 两端的电压相应变化情况。根据图示可以判断，R_p 接入电路的阻值 x 越大，R_p 对 R 两端电压的控制作用就越弱。

在代数输入区输入"函数 $(a, 0, 5R)$"，在函数 a 的基础上得到区间函数 g，将函数 g 也设置为"显示踪迹"。启动滑动条 R"动画"，即可得到图8-17所示图像。

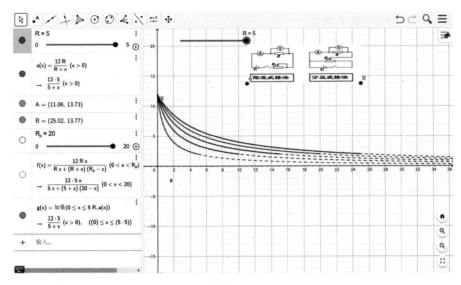

图 8-17

若采用限流接法进行电路控制,为了让 R 的电压工作范围较大,结合图像就能判断,当滑动变阻器的最大值 $R_P = 5R$ 左右时,改变变阻器阻值,工作电阻 R 两端的电压可以显著且平稳地变化。滑动变阻器最大阻值 R_P 过大时,接入部分的电阻 x 较小时才能较好地起到控制作用,当 R_P 的接入电阻 $x > 5R$ 之后继续增加 x,电压几乎不变了。

8.3.5 动态观察限流式接法对电路的控制作用

隐藏函数 $a(x)$,$g(x)$,显示滑动条 R_P、函数 $f(x)$。

函数 $f(x)$ 的图像即为分压控制电路中,工作电阻 R 两端的电压随 R_P 的变化情况。

两个滑动条可以设置 R 与 R_P 的取值,如将 R 设置为 $r = 4\Omega$,R_P 的取值范围为 $0 \sim 20\Omega$,将 $f(x)$ 设置为"显示踪迹",启动滑动条 R_P 的"动画",得到图 8-18 所示图像。

从上到下,滑动变阻器最大阻值 R_P 不断增大,最下面一条曲线是 $R_P = 20\Omega$ 时 $f(x)$ 的图像,让动态变化的函数关系文本显示在坐标系里。

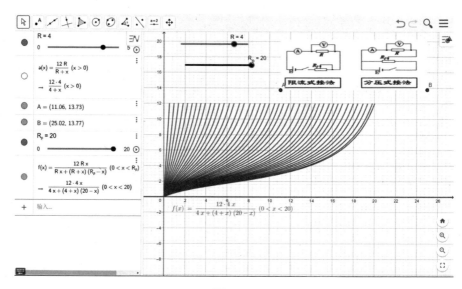

图 8-18

由图 8-18 可知，滑动变阻器最大阻值 R_p 较 R 阻值小时，R 两端的电压接近线性变化。

R_p 较 R 大很多时，前半段 R 两端的电压变化范围平缓，后半段 R 两端的电压变化急剧。如 $R_p = 20\Omega$ 时，前半段 R_p 的阻值在 $0\sim10\Omega$ 之间调节时，工作电阻 R 的电压变化范围仅在约 $0\sim3V$ 之间。而后段 R_p 的阻值在 $10\sim20\Omega$ 之间调节时，工作电阻 R 的电压变化范围在约 $3\sim12V$ 之间，约是前半段电压变化范围的 3 倍。

为了能让工作电阻 R 两端的电压变化显著且均匀，R 两端的电压随 R_p 的阻值接近线性变化最好。在实验中若采用分压控制电路，$R_p \leqslant R$ 即可很好地满足控制要求。

第9章 "导数"与"积分"功能的简单应用

用 GeoGebra 求函数的导数与积分非常方便，求导与积分是非常重要的物理计算方法，比如可以对物理表达式求导讨论极值问题，可以用定积分求解物理图像的面积大小等。

9.1 求导与积分

如在函数输入区输入 "f(x) = x^3+2x^2-x"，系统就会在坐标系中作出该函数图像 f，如图9-1所示。下面就以该函数为例学习求导与积分的操作。

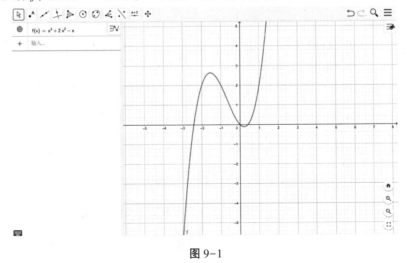

图9-1

9.1.1 求导的一般过程

在函数输入区输入 "导数 (f)"或者 "f′" 即可得到 f′的计算结果与图像，若需多阶求导，可以直接在要求导的函数后输入阶数，如对 $f(x)$ 求导两次，在代数输入区输入 "导数 (f,2)"，即可得到 f″的结果与图像。当然也可以在代数输入区直接输入 "f″"。如图9-2所示。

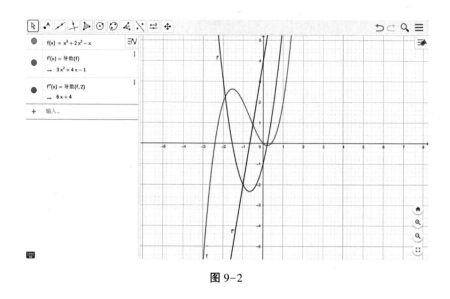

图 9-2

9.1.2 积分的一般过程

不定积分：如在函数输入区输入"积分（f'）"，得到函数 g 的表达式与图像。

定积分：如在函数输入区输入"积分（f',-1,0）"，得到 x 在-1 到 0 之间的图像与坐标轴包围的面积，结果是一个具体数值。如对 f' 在-1 到 0 区间积分，得到的面积值为-2，x 轴下方的面积取为负值。如图 9-3 所示。

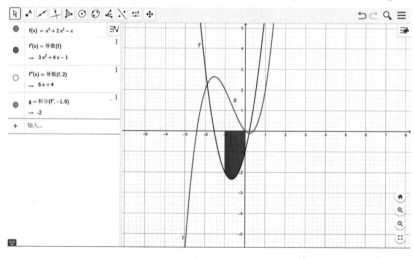

图 9-3

若将定积分的区间设置为动态可调，可以将区间的端点设置为滑动条。

如利用"滑动条"工具建立 a、b 两个滑动条，将函数"g = 积分 (f'，-1，0)"改为"g = 积分 (f'，a，b)"，通过滑动条就可以改变 f' 定积分的区间。

如在图 9-4 中，通过滑动条 a、b 将函数 f' 的积分区间调整为 $[-2.6$，$1.2]$，在代数区的计算结果显示为 4.86，即 x 轴上方阴影区域的面积之和减去 x 轴下方的阴影区域之和后得到的面积为 4.86。

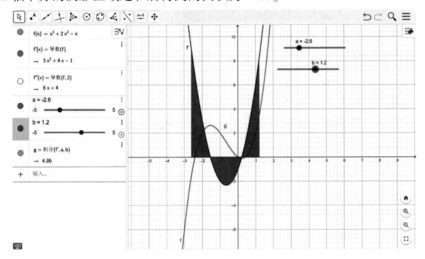

图 9-4

区域积分：可以将两个函数图像之间的区域在指定范围内积分，得到指定范围内两个函数图像包围的面积。

区域积分的指令格式为"积分介于（〈函数 1〉，〈函数 2〉，〈x-积分下限〉，〈x-积分上限〉）"。在下一节的相对运动的例子中会应用这个指令。

9.2 导数与积分功能的应用——以动量守恒定律为例

例题：光滑的水平面上有一质量为 $M = 3\text{kg}$ 的足够长的平板，一个质量为 $m = 2\text{kg}$ 的滑块以水平速度 10m/s 滑上该平板，两物体之间的摩擦因数为 $\mu = 0.2$，最终两物体达到共速。求两物体的相对位移。

9.2.1 物理分析

系统动量守恒，得到共速时的速度大小为 4m/s，滑块 m 的加速度为 2m/s^2，可知共速时间需要 3s。利用平均速度公式可迅速得出，3s 内 m 的位移为 21m，平板 M 的位移为 6m，所以相对位移为 15m。

9.2.2 作出该系统的 *v*–*t* 图像

m 的加速度为 2m/s^2，*m* 的速度方程为：$v_m = 10 - 2t$。*M* 的加速度为 $\frac{4}{3}\text{m/s}^2$，*M* 的速度方程为：$v_M = 4t/3$。共速之后就一起匀速运动。如图 9–5 所示。

在代数输入区输入"10–2*x*"，得到直线 *f*。

在代数输入区输入"4*x*/3"，得到直线 *g*。

在代数输入区输入"交点（f, g）"，得到交点 *A*（3，4）。

在代数输入区输入"积分介于（f, g, 0, x(A)）"，*x*(*A*) 的值为 *A* 点的横坐标。这样就得到 0～3s 之间函数 *f*、*g* 之间区域的积分 *a* = 15，面积 *a* 的物理意义即为两物体之间的相对位移大小。

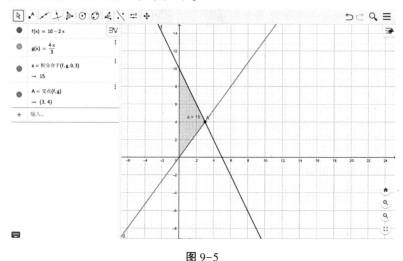

图 9-5

虽然已经通过积分得出了相对位移的大小，但这个图像还不是准确的物理图像，下面试着将该系统的 *v*–*t* 图像完成。

在代数输入区输入"函数（f, 0, x(A)）"，其含义为取函数 *f* 在定义域为 0 到 *A* 点的横坐标之间的部分函数。

在代数输入区输入"函数（g, 0, x(A)）"，其含义为取函数 *g* 在定义域为 0 到 *A* 点的横坐标之间的部分函数。

在代数输入区输入"y(A)（x>x(A)）"，其含义为构建一个函数，*y* 等于 *A* 点的纵坐标，定义域为大于 *A* 点的横坐标的部分函数。

隐藏函数 *f* 和 *g*，即可得到典型板块模型在水平方向上动量守恒的 *v*–*t* 图像。如图 9–6 所示。

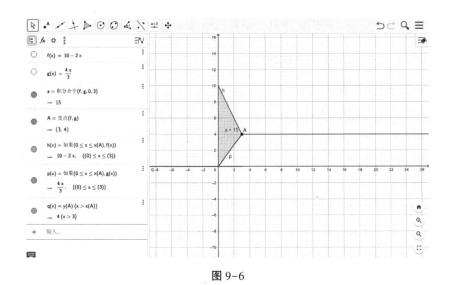

图 9-6

大家可以利用已经学过的办法，如采用滑动条控制质量的大小，实现 v-t 图像的动态可调。此处不再赘述。

9.3 导数与积分功能的应用——以正（余）弦交流电产生与描述为例

矩形线框在匀强磁场中做匀速圆周运动可产生正（余）弦交流电。其物理原理是线框旋转时，通过线框的磁通量发生周期性变化，根据法拉第电磁感应定律，线框中将产生感应电动势，若回路闭合，回路中将出现感应电流。下面就利用 GeoGebra，数形结合讨论正（余）弦交流电的产生与描述。如图 9-7 所示。

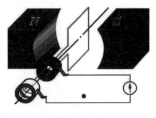

图 9-7

9.3.1 设置物理参数

创建滑动条 Φ_m，表示穿过线框磁通量的最大值。

创建滑动条 ω，表示线框匀速圆周运动的角速度。

创建滑动条 a，表示线框在匀强磁场中的初相位。

应用" a=2 "工具，选择"图片"功能，插入交流发电机模型图片，设置为"锁定在屏幕"。

线框在中性面位置开始计时，调整滑动条 a 至 $a=0$。

9.3.2 输入磁通量的函数关系

在代数输入区输入"$\Phi=\Phi\_m * \cos(\omega * x + a)$"，得到 $\Phi\text{-}t$ 图像，将图像名称改为"磁通量"。

为简单起见，初相位 a 的大小可用滑动条设置为零。

拖动代数输入区的表达式至坐标系内，即可显示动态的函数文本表达式。如图 9-8 所示。

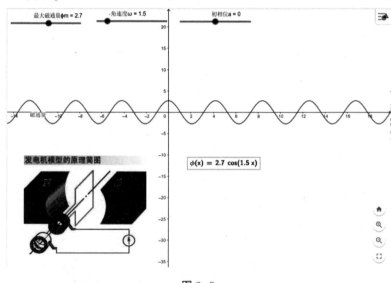

图 9-8

9.3.3 $E\text{-}t$ 图像

发电机线圈匝数的确定：为简单起见，线圈的匝数大小设置为 $n=1$。若想要控制线圈匝数 n，设置一个相关滑动条或者输入框即可。

法拉第电磁感应定律：$E=n\Delta\Phi/t$。根据法拉第电磁感应定律，电动势 E 与磁通量的变化率成正比。因为设置了匝数 $n=1$，Φ 对 t 求导即可得电动势 E，相应的 $E\text{-}t$ 图像也会呈现在坐标系里。在代数输入区输入"导数（φ）"或者"φ′"既可。

为了表达更直观，可将代数区的 φ′ 函数关系式拖入坐标系中，φ′ 函数关系式的文本会随着物理条件的动态变化相应改变。将图像名称改为"电动势"。如图 9-9 所示。

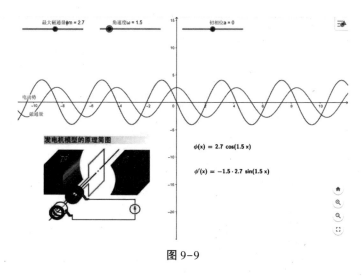

图 9-9

9.3.4 *I-t* 图像

设回路的总电阻为 r，创建滑动条 r。根据欧姆定律 $i = E/r$，得到 $i-t$ 图像。在代数输入区输入"i=φ′/r"即可。如图 9-10 所示。

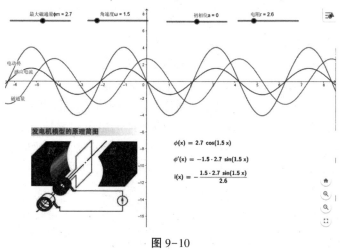

图 9-10

9.3.5 利用定积分求解通过导体横截面的电量

$i-t$ 图像包围的面积，其物理意义即为通过导体横截面的电量。为便于观察，把电动势和磁通量的图像隐藏。

设置滑动条 c、d，调节定积分的时间区间。若需要特殊值输入，除可以用输入框进行控制外，也可以直接在代数区单击该滑动条的数字区域，直接更改起始与结束的时刻。

在代数输入区输入"Q=积分（i, c, d）"，即可得到时刻 c 到时刻 d 之间通过导体横截面的电量。如图 9–11 所示。

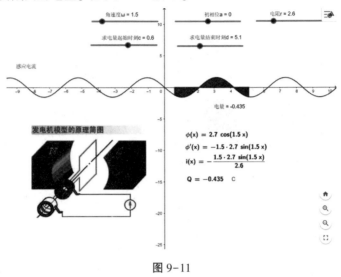

图 9–11

9.3.6 正（余）弦交流电最大值 I_m 与有效值 I 比值 $I_m/I = \sqrt{2}$ 的证明

交流电有效值是以热效应与直流电等效进行定义的，正（余）弦交流电峰值与有效值的比值为 $\sqrt{2}$ 可以用 GeoGebra 轻松证明。

取正（余）弦交流电一个完整的周期变化完成证明

根据瞬时功率 $P=i^2r$，作出 p–t 图像，P–t 图像包围的面积即为电路中消耗的电能。根据有效值的定义要求，电路为纯电阻电路，所以 P–t 图像包围的面积也就是电路中产生的热能 w。根据 $w=I^2rt$ 计算 I 的有效值，I 的最大值 $I_m = \Phi_{m}\omega/r$。为了方便定积分时间取整数倍周期，可以先定义一下周期 T 这个变量。

9.3.6.1 操作过程

在代数输入区输入"T=2pi/ω"，定义周期 T。

在代数输入区输入"I_ m=（Φ_ mω）/r"，定义电流的最大值。

在代数输入区输入"P=i^2r"得到 p–t 图像，将其重命名为功率。

在代数输入区输入"W=积分（p, T, 2T）"，得到 $T\sim2T$ 时间内电路中产生的热。

在代数输入区输入"sqrt（w/r/T）"，得到 T 时间内的电流的有效值。

在代数输入区输入"K= I_ m/I"，得到峰值与有效值的比值，并将该表达式拖入坐标系。

9.3.6.2 动态调节

可以改变线圈的角速度、初相位、电路电阻等参数。W、I 与 I_m 的数值将相应发生变化，但是 I_m 与 I 的比值始终为 1.414。

其他条件不变的情况下，可以改变定积分起始与终止时刻，但只要是一个周期的时间 T，w 的数值不变，I 与 I_m 的比值就始终为 1.414。如图 9-12 所示。

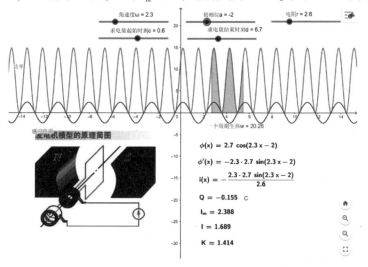

图 9-12

如将定积分时间设置成"w = 积分（P, 0.2T, 1.2T）"，各参数如图 9-13 所示。

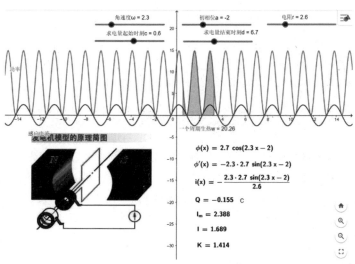

图 9-13

第 10 章 "平行线" 功能的简单应用

用 GeoGebra 作平行线非常方便,利用"线工具"中的平行线功能即可快速过某点作出已知直线的平行线。如图 10-1,在坐标系中作一条过 A、B 两点的直线 f。在坐标系中设置一点 C,选择平行线功能,依次点击 C 点和直线 f,即可得到过 C 点的 f 的平行线 g。如图 10-1 所示。

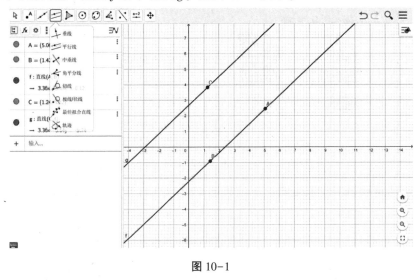

图 10-1

10.1 平行线功能在凸透镜成像演示中的应用——点的成像

根据凸透镜成像规律,可以用物点控制像点的移动。要实现动态的控制,可以让物点和像点在互相平行的直线上,在动态变化的过程中平行条件不变。如在这两条直线上构建其他线段,构建的线段也始终平行。操作过程如下。

10.1.1 透镜设置

以 y 轴作为凸透镜,x 轴为主光轴,坐标原点为透镜光心。在 x 轴上取关于原点对称的两个位置作为凸透镜的焦点。利用点工具,在坐标系中合适位

置建构点 A，点 A 为物点。在坐标原点建构点 B，点 B 为透镜光心。在 $x=5$，$x=-5$ 处建构 C、D 两点表示凸透镜的两个焦点。如图 10-2 所示。

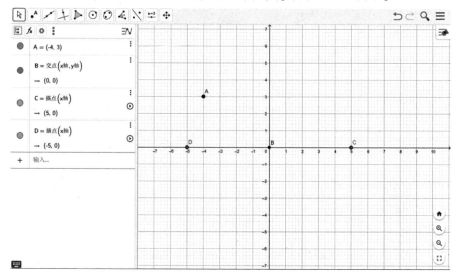

图 10-2

10.1.2 两条特殊光线确定 A 的像点

如图 10-3、10-4 所示。

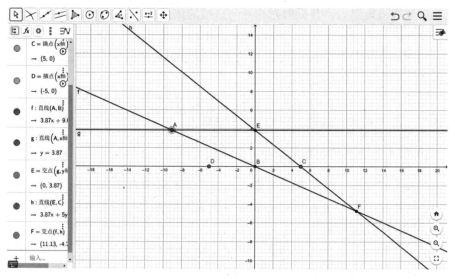

图 10-3

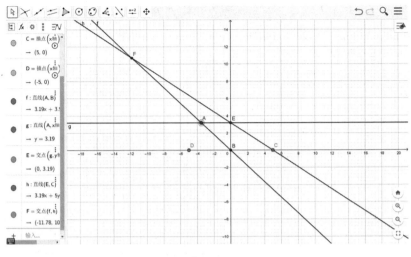

图 10-4

利用"线工具"的直线功能，过 A、B 两点作直线，如图中的 f。若光线沿 A 到 B 的方向入射，因为过透镜光心，所以光线的方向不变。

利用"线工具"的平行线功能，在代数输入区输入"直线（A，x 轴）"，过 A 点作出主光轴 x 的平行线，如图中的直线 g。

利用"点工具"中的交点功能，或者在代数输入区输入"交点（g，y 轴）"，得到平行主光轴的入射光线 g 与凸透镜的交点，如图中的 E 点。入射光线 g 经透镜折射后，其折射光线经凸透镜的焦点 C 前进。作经过 E、C 的折射光线 h。

利用"点工具"中的交点工具功能，得出折射光线 h 与 f 的交点，如图中的 F。F 即为物点 A 的像点。

移动 A 的位置，F 的位置相应发生变化。若 F 与 A 在透镜的两侧，F 为实像点。若 F 与 A 在透镜的同侧，F 为虚像点。

10.1.3 光路图的规范与美化

经过上述操作，虽然求出了像点，但是光路图并没有画好。矢量线段有方向，可以在上述直线上建构矢量线段表示入射光线与折射光线，然后将光线所在的直线设置为虚线。

利用"线工具"的矢量功能，建构矢量线段 **AE**（名称为 **u**）、**AB**（名称为 **v**）表示入射光线。建构矢量线段 **EF**（名称为 **w**）、**BF**（名称为 **a**）表示折射光线。将直线 g、h、f 设置为虚线。如图 10-5 即为物点 A 成实像时的光路。

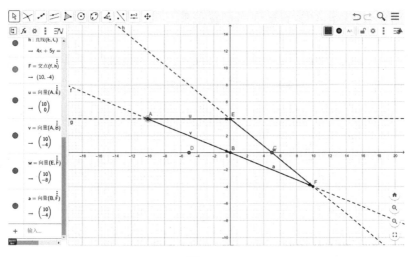

图 10-5

BF 与 **EF** 矢量线段末端交于 *F*，表示折射光线交于 *F* 点。但若物点 *A* 成虚像，像点 *F* 将会与物点 *A* 在透镜的同侧，两条矢量线段还是会交于 *F* 点。光路就会变成如图 10-6 所示的样子，与实际不符了。

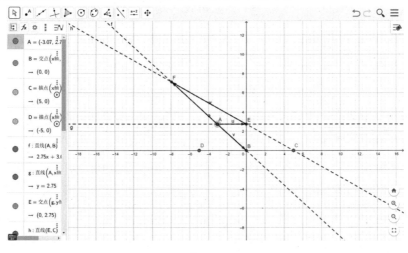

图 10-6

下面，想办法继续修正光路。

D 点为凸透镜的焦点。根据透镜成像规律，物点 *A* 的横坐标 $x(A)$ 小于 *D* 点的横坐标 $x(D)$ 时成虚像。当成虚像时可以把 **BF** 与 **EF** 两条矢量线段隐藏，让不受 *F* 点制约的两条折射光线显示即可。操作如下。

在代数输入区输入 "$x(D)$"，得到表示其横坐标的变量。如图 10-7 中的 *b* 即表示 *D* 点的横坐标。

选择矢量线段 **EF**，右键弹出设置菜单。在"高级"选项中的"显示条件"输入框输入"x(A)<b"。

选择矢量线段 **BF**，右键弹出设置菜单。在"高级"选项中的"显示条件"输入框输入"x(A)<b"。如图 10-7 所示。

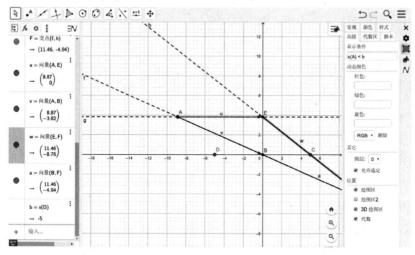

图 10-7

将物点 A 向右移动，得到再次成虚像的光路。**BF** 与 **EF** 矢量线段已经完成隐藏的要求，但折射光线也不见了。如图 10-8 所示。

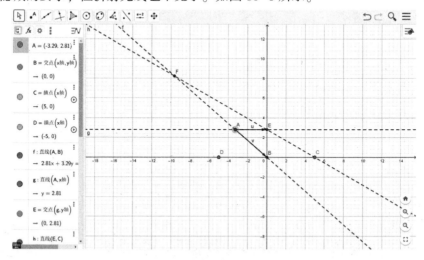

图 10-8

为了成虚像时光路中的折射光线也能出现，最简单的操作就是在直线 f 上画交于 F 点的矢量线段 **EF** 的同时，在直线 f 上再画一条矢量线段 **EG**。在直

线 h 上画交于 F 点的矢量线段 **BF** 的同时，在直线 h 上再画一条矢量线段 **BH**。矢量线段 **EG** 与 **BH** 不受 F 点制约。当 A 点移动成虚像时矢量线段 **EG** 与 **BH** 方向不会逆转。

当然，如果开始时不希望矢量 **EG** 与 **BH** 出现在坐标系中，也可以通过矢量线段 **EG** 与 **BH** 的显示条件进行设置。

在显示条件输入框中输入 "b<x(A)<0"，其含义为物点 A 在凸透镜的左侧，其位置的横坐标小于凸透镜的焦距，物点 A 将成虚像，表示折射光线的矢量线段 **EG** 与 **BH** 将会显示在坐标系中。物点 A 的横坐标若不满足 $b<x(A)<0$，矢量线段 **EG** 与 **BH** 将会隐藏。如图 10-9 所示。

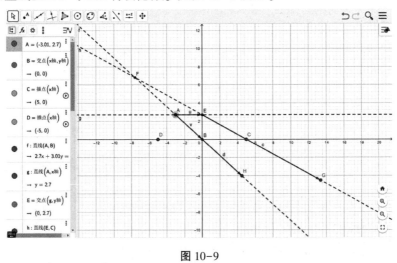

图 10-9

10.2 平行线功能在凸透镜成像演示中的应用——线的成像

假设需要让竖直点燃的蜡烛通过凸透镜成像，完成蜡烛成像的动态可调光路。蜡烛的火焰就相当于刚才的物点 A，只需要将蜡烛底部的像点找到就可以作出蜡烛完整的像。同理蜡烛可能成实像，也可能成虚像。实验设备一般如图 10-10 所示。

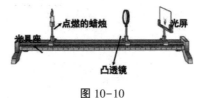

图 10-10

在已完成的物点 A 成像光路基础上继续讨论。如图 10-11 所示。

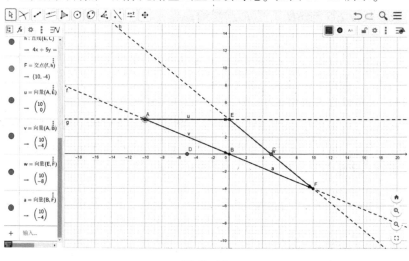

图 10-11

10.2.1 利用"线工具"中的平行线功能设置物体与透镜

过 A 点作 y 轴的平行线，如图中的 i。表示蜡烛与凸透镜平行，与主光轴垂直。

利用"点工具"中的交点功能求出 i 与 x 轴的交点 I。

利用"线工具"的矢量功能，连接 I、A。

所得图像如图 10-12 所示。

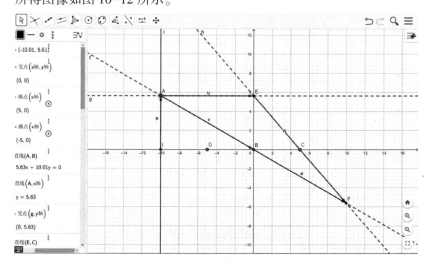

图 10-12

将直线 i 隐藏，得到表示蜡烛的矢量线段 IA。如图 10-13 所示。

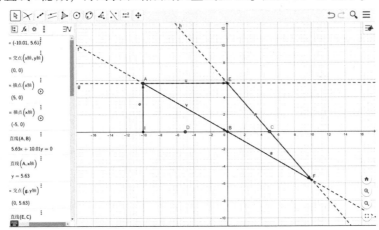

图 10-13

10.2.2 利用"线工具"中的平行线功能，过 F 点作 y 轴的平行线

利用"点工具"中的交点功能求出该平行线与 x 轴的交点 J。

利用"线工具"的矢量功能，连接 J、F。

隐藏过 F 点所作的 y 轴的辅助平行线 j。

如此便得到了表示蜡烛像的矢量线段 FJ。移动控制点 A，表示蜡烛的矢量线段 AI 与表示蜡烛经过凸透镜所成的像 FJ 会相应变化。

10.2.3 蜡烛成实像光路

蜡烛成实像如图 10-14 所示。

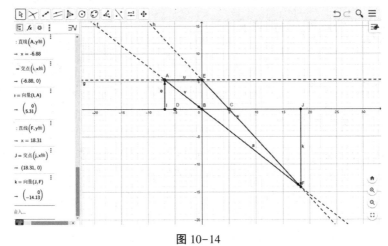

图 10-14

10.2.4 蜡烛成虚像光路

蜡烛成虚像如图 10-15 所示。设置方法参考上一节"点"的成像即可。

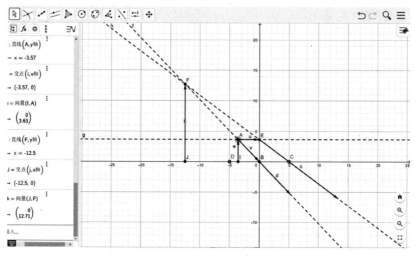

图 10-15

面或物体的成像问题比较复杂，在此就不展开了。

10.3 平行线功能在面镜成像中的应用——抛物面镜成像

选 $y^2 = 2px$ 的抛物线方程获得一个抛物面，根据数学知识可知其焦点位置在 $(0, \frac{p}{2})$。光线在此凹面镜反射时一样满足光的反射定律，若已知凹面镜焦点位置，作图过程与凸透镜成像类似。

两条特殊光线决定像点的位置：平行主光轴的入射光经凹面镜反射后过其焦点，经过焦点的入射光经凹面镜反射后与主光轴平行。两条反射光线的交点为实像点，两条反射光线反向延长线的交点为虚像点。

10.3.1 输入参数方程

在代数输入区输入参数方程"L：y^2 = 10x"，得到抛物线 L。参数方程中 L 为名称，中间要用"："和参数方程隔开。L 即可作为凹面镜。

在代数输入区输入"焦点（L）"，得到抛物线 L 的焦点位置 A。如图 10-16 所示。

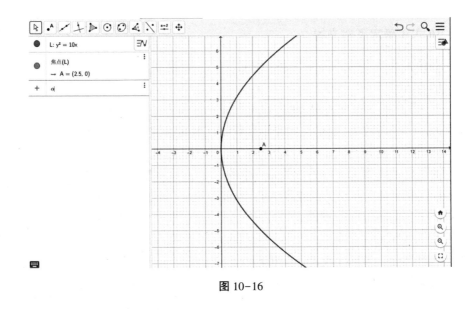

图 10-16

10.3.2 确定物体位置与入射光线

x 轴为主光轴。在抛物线右侧合适位置设置物点 B，利用工具栏中的平行线工具、交点工具、直线工具作图。

过 B 点作两条特殊的直线表示入射光线所在的直线：与主光轴平行的直线 f 和过焦点 A 的直线 g，确定这两条光线与抛物线 L 的交点 E、D。如图 10-17 所示。

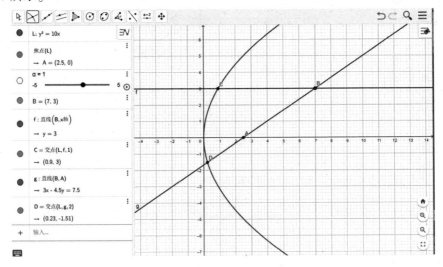

图 10-17

10.3.3 确定反射光线

利用工具栏中的平行线工具、交点工具、直线工具作图，作出反射光线所在的直线。

过 E、A 两点作直线 h，确定过焦点 A 的反射光线所在的直线 h，过 D 点作主光轴的平行线 i，确定与主光轴平行的反射光线所在的直线 i。

作出两条反射光线 h 和 i 的交点 E，E 即为物点 B 的像点。

为了反映物像大小的缩放关系，也可过 B 点作 y 轴的平行线 j，作出 j 与主光轴的交点 F。作出矢量线段 **FB**，隐藏直线 j。同理可作出矢量线段 **HG**。

下面我们利用四条辅助直线完成光路：将四条辅助直线设置为虚线，利用 "线工具" 的矢量功能作出入射光线和反射光线。

入射光线：矢量线段 **BC** 与 **BD**。

反射光线：矢量线段 **CE** 与 **DE**。

为了界面整洁，隐藏系统给这些线段自动命名的字母，就可以通过物点 B 进行物像的动态调节了。如图 10-18 所示。

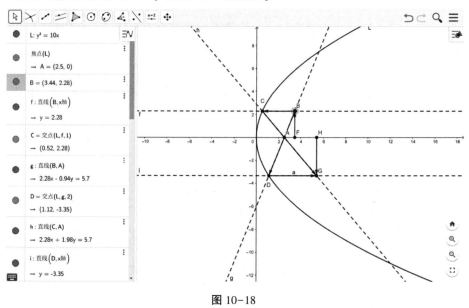

图 10-18

如图 10-19 是物距小于焦距，在抛物面足够大的情况下，物体的成像光路。

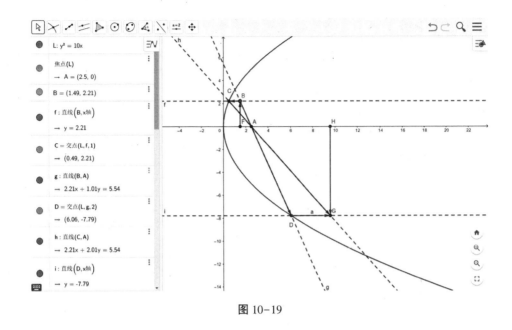

图 10-19

10.4 平行线功能在面镜成像演示中的应用——球面凹面镜成像

10.4.1 在坐标系中建构球面凹面镜

为了有更好的呈现效果，先调整坐标轴显示比例。在坐标轴上点击右键，在弹出的菜单 "x 轴：y 轴" 设置中，将显示比例选择为 $10:1$。

在代数输入区输入三个点："C:$(-2,20)$"、"O:$(0,0)$"、"D:$(-2,-20)$"。

点击 "⌒" 图标，选择 "三点圆弧" 功能，依次点击 A，B，C 三点。得到表示凹面镜的圆弧。如图 10-20 中的 c。

在代数输入区输入 "焦点（c）"，得到该凹面镜的焦点，如图中的点 E。

如前面的操作，利用平行线和矢量工具，建构研究对象。隐藏辅助的直线，矢量线段的箭头可以表示物体是正立的。

如图 10-20 中所示的矢量线段 **AB**，就可以表示一个正立的物体。

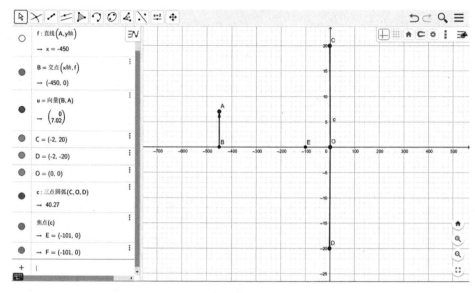

图 10-20

10.4.2 确定物体发出的三条特殊入射光线

10.4.2.1 x 轴为凹面镜的主光轴

选择平行线工具，过 A 点作 x 轴的平行线 g，在代数输入区输入"交点（g，c）"得到直线 g 与凹面镜的交点 G。

10.4.2.2 第一条特殊光线

利用向量工具构建向量线段 AG，将直线 g 设置为虚线，这样就得到与主光轴平行的第一条特殊入射光线 AG。

10.4.2.3 第二条特殊光线

利用向量工具构建向量线段 AO，得到第二条特殊入射光线 AO。

10.4.2.4 第三条特殊光线

过 AE 构建辅助直线 i，E 是凹面镜的焦点。在代数输入区输入"交点（i，c）"得到直线 i 与凹面镜的交点 J。利用向量工具构建向量线段 AJ，得到过焦点的第三条特殊入射光线 AJ。

三条入射光线的位置如图 10-21 所示。

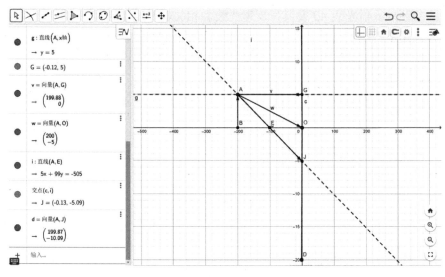

图 10-21

10.4.3 确定物体的像点

光线 **AG** 的反射光线过焦点 **E**，光线 **AJ** 反射光线与主光轴平行。这两条发射光线的交点以为物点 **A** 的像点。光线 **AO** 的反射光线也要过 **A** 的像点，确定好 **AO** 的反射光线后将入射光线 **AJ** 及其反射光线隐藏。只利用光线 **AG** 及 **AO** 及其反射光线即可。

H 点即为物点 **A** 的像点。如图 10-22 所示。

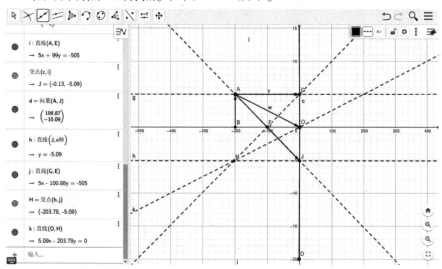

图 10-22

隐藏点入射光线 *AJ* 及其发反射光线和相关辅助线。

利用平行线工具和交点工具，作出 *B* 的像点并隐藏相关辅助线，利用矢量线段工具得到 *AB* 物体的像。

移动控制点 *A* 的位置就可以实现光路的动态变化了。

凹面镜成实像与虚像的光路如图 10-23、10-24 所示。

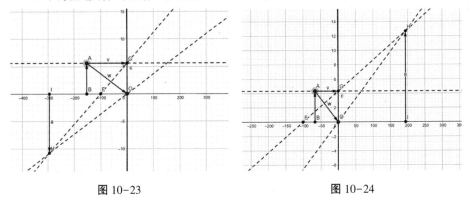

图 10-23   图 10-24

完成上述光路，已经可以顺利地观察凹面镜成像时的物像变化情况，但反射光线还没有画上去。

10.4.4 通过"显示条件"设置相应矢量线段

用矢量线段表示反射光线，通过"显示条件"设置相应矢量线段，完成凹面镜成实像与成虚像的光路图。

利用"线工具"中的向量功能，过 *G* 点在 *GH* 方向上构建表示光线 *AG* 的反射光线的矢量线段 *GK*，过 *O* 点在 *OH* 方向上构建表示光线 *AO* 的反射光线的矢量线段 *OL*。

当物体 *AB* 在焦点 *E* 的右侧，即通过凹面镜成实像时，光路正常。

当物体 *AB* 进入 *E* 点右侧，即通过凹面镜成虚像时，因为像点 *H* 位置虚实突变，表示反射光线的矢量线段 *OL* 的方向也随之发生了变化，不再符合实际。为了解决这个问题，再画一条与 *OL* 相反的矢量线段 *OM*，可以通过像点 *A* 的横坐标 $x(A)$ 与焦点 *E* 的横坐标 $x(E)$ 的大小关系判断作为显示条件。即：

$x(A) >= x(E)$ 时，矢量线段 *OL* 隐藏，与 *OL* 反向的矢量线段 *OM* 显示；

$x(A) <= x(E)$ 时，矢量线段 *OL* 显示，与 *OL* 反向的矢量线段 *OM* 隐藏。

如图 10-25 所示，设置矢量线段 *OL*，在显示条件中输入"x(A)<=x(E)"。

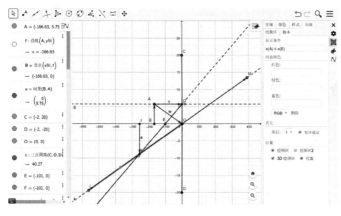

图 10-25

如图 10-26 所示，设置矢量线段 ***OM***，在显示条件中输入"x(A)>=x(E)"。

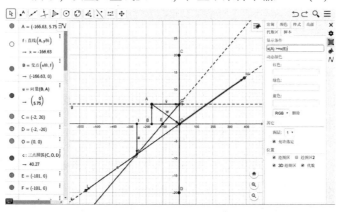

图 10-26

图 10-27、图 10-28 就是凹面镜成实像与虚像的光路，实线与虚线合理，光路正常。

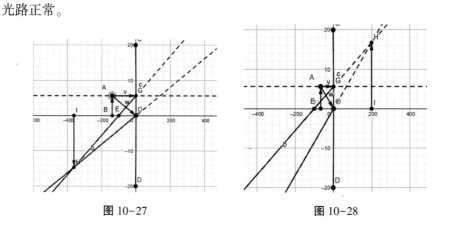

图 10-27   图 10-28

第11章　"垂线"与"切线"功能的简单应用

11.1 几何光学的应用——以漫反射为例

漫反射与镜面反射一样，要遵循光的反射定律，可用 GeoGebra 作出漫反射的光路图。

11.1.1 创建一个漫反射面

在坐标系中任意创建几个点，如图 11-1 中的 *A*、*B*、*C*、*D*、*E* 五个点。为了使得该曲面比较平滑，采用多项式拟合指令，过这五个点画一条曲线。

在代数输入区输入"多项式拟合（{A, B, C, D, E}）"，{*A*，*B*，*C*，*D*，*E*} 表示一个列表，调整一下各点的位置得到如下的曲线。

在 *C* 点，用矢量线段功能创建一条入射光线，作图求出该入射光线的反射光线。

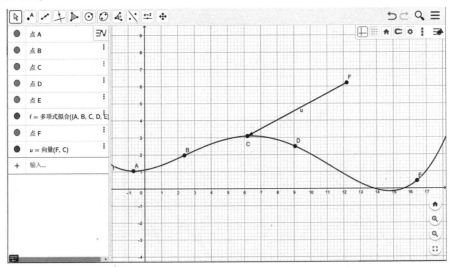

图 11-1

11.1.2 利用切线功能作出曲线 f 上 C 点的切线

点击图标" $\boxed{\text{}}$ ",选择"切线"功能,依次点击 C 点和曲线即可。如图 11-2 所示,得到切线 g 并将其设置为虚线。

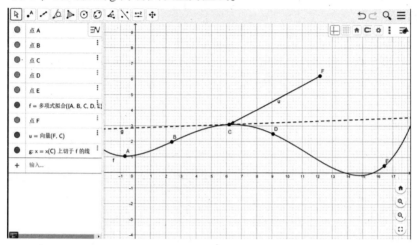

图 11-2

11.1.3 利用垂线功能作出切线 g 在 C 点的垂线

点击图标" $\boxed{\text{}}$ ",选择垂线功能,依次点击 C 点和切线 g 即可。如图 11-3所示,得到垂线 h 并将其设置为虚线。

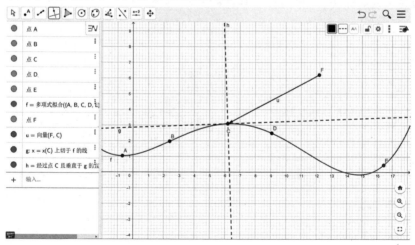

图 11-3

11.1.4 利用对称功能或者旋转功能找出反射光线的方向

在此处选择使用对称功能。点击"⬚"图标,选择"轴对称"功能。依次点击图中的入射光线 *u* 和垂线 *h*,得到表示入射光线的矢量 *u* 关于垂线 *h* 的对称矢量。

过 *C* 点作 *u'* 的平行线。点击"⬚",选择平行线功能。依次点击图中的矢量 *u'* 和 *C* 点,得到表示反射光线所在的直线 *i*。如图 11-4 所示。

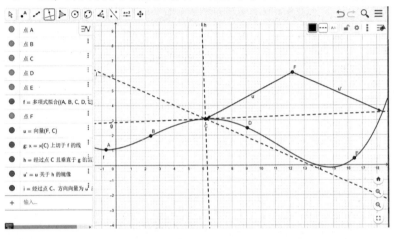

图 11-4

隐藏辅助矢量线段 *u'*。过 *C* 点,在反射光线所在直线 *i* 上作出一条矢量线段表示反射光线,如图 11-5 中的 *v*。

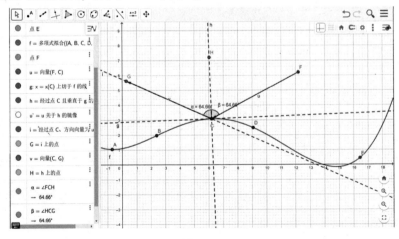

图 11-5

若入射角与反射角相等,则证明做法正确。在法线 *h* 上构建一个点,就可以采用角度测量进行验证了。

若将 C 点位置在曲线 f 上动态移动，入射光线与反射光线的对称关系不会改变。

如图 11-5 所示，发射角与入射角大小相等。

再测试一下，将 C 点位置移动，观察入射角与反射角的大小是否依然相等。如图 11-6 所示，无论 C 点如何移动，曲线如何变化，发射角与入射角始终保持大小相等。若将反射光线所在的辅助线 i 隐藏，图像会更加美观。

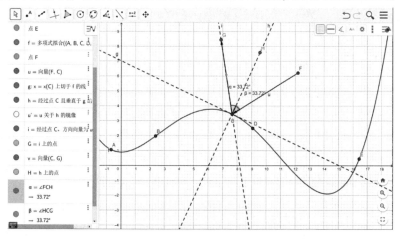

图 11-6

11.2 创建研究对象——构建斜面上运动的矩形物体为例

在第 2 章关于构建物理研究对象的学习中，讨论了斜面上正方体的受力分析。正方体的构建用到两个控制点，如图 11-7 中的点 A、B 就是控制点，点 C、D 是辅助点。

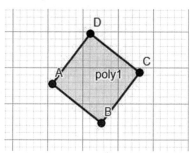

图 11-7

虽然可以同步控制两个控制点让物体运动，但物体在有限长度的轨迹上运动时会出现一些问题。若要对研究对象的运动情况进行控制，控制点最好是一个。示例如下。

11.2.1 利用"点"工具和"多边形"工具创建一个斜面 *ABC*

如图 11-8 所示，在斜边 *AC* 上构建一个点 *D*，任务就是利用 *D* 点控制一个矩形研究对象的运动。

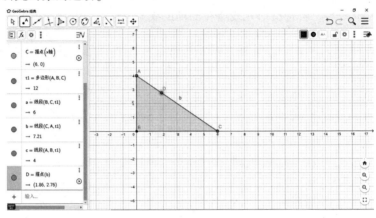

图 11-8

11.2.2 构建矩形研究对象

点击"关系线"图标" ⊥ "，选择"垂线"功能。依次点击 *D* 点与线段 *AC*，得到辅助线 *f*。在辅助线 *f* 上利用"点"工具构建一个辅助点 *E*。如图 11-9 所示。

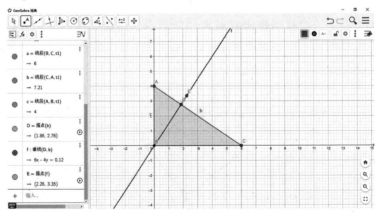

图 11-9

点击"关系线"图标" ⊥ "，选择"平行线"功能。依次点击 *E* 点与线

段 AC,得到辅助线 g。

在辅助线 g 上利用"点"工具构建一个辅助点 F,再次利用"平行线"工具,作出辅助线 g 过 F 点的平行辅助线 h。

点击"点"工具图标"⚫A",选择"交点"功能,依次点击辅助线 h 和线段 AC,得到交点 G。如图 11-10 所示。

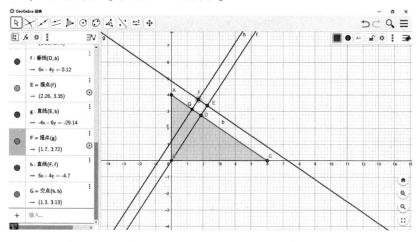

图 11-10

点击多边形"▷"图标,选择"多边形"功能,依次点击 D、E、F、G、D 几个点可构成矩形 $DEFG$。如图 11-11 所示。矩形 $DEFG$ 就是创建的运动研究对象。

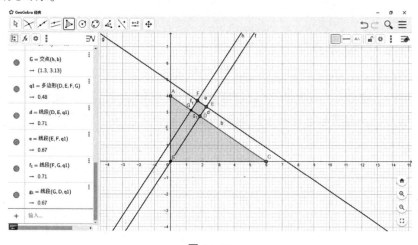

图 11-11

隐藏辅助线 g、h、f 等无关对象或者对象的标签名称。如图 11-12 所示。

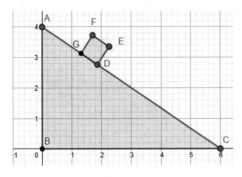

图 11-12

这样就获得了物体在 *AC* 方向上运动时，只有一个控制点 *D* 的研究对象。测试一下：在矩形上点击鼠标右键，勾选"显示踪迹"，可设置 *D* 点动画属性，启动 *D* 点动画。如图 11-13 所示。

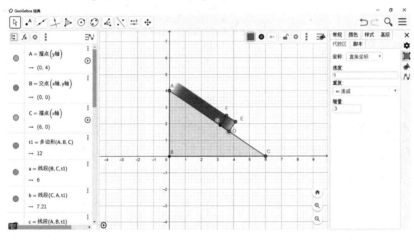

图 11-13

可以观察到矩形 *DEFG* 在运动过程中形状保持不变，若其速度用变量进行控制，可以实现加速或者减速运动的动态演示。

第 12 章　表格数据处理功能的简单应用

GeoGebra 提供了电子表格功能，此功能能够对数据进行运算、分析与统计，该软件的电子表格功能在使用方法上与其他电子表格类似。可以用 Geo-Gebra 的电子表格功能进行物理实验数据的分析与处理，如作物理图像、分析物理数据、计算实验结果等。

电子表格区的数据可以被其他功能区调用，如表格拟合的数据曲线可以直接导出到绘图区进一步进行分析处理，用起来也比较方便。

12.1 根据实验数据作图——以小灯泡伏安特性曲线为例

例题：下表为某同学研究小灯泡的伏安特性时测得的实验数据，请在坐标系中作出小灯泡的伏安特性曲线。

序号	1	2	3	4	5	6	7	8	9	10
电压 U（V）	0	0.3	0.6	0.9	1.2	1.5	1.8	2.1	2.4	2.7
电流 I（A）	0	0.09	0.21	0.28	0.35	0.40	0.45	0.48	0.50	0.52

12.1.1 启动表格区，将数据调入电子表格

为了方便观察，关闭绘图区，启动表格区，将上述表格的数据复制粘贴进电子表格内。如图 12-1 所示。

图 12-1

12.1.2 描点

选中 B1 至 K2 单元格，点击"▇▇"图标，选择"▇▇ 双变量回归分析"功能。y 轴表示电流，x 轴表示电压，各组数据自动在坐标系中描点。如图 12-2 所示。

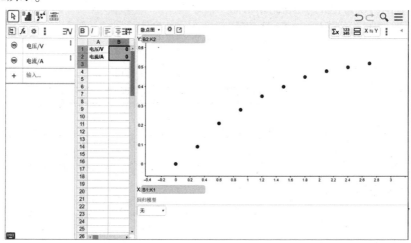

图 12-2

12.1.3 坐标轴调换

图 12-2 所示的物理图像为小灯泡的 $I\text{-}U$ 图像，若做成小灯泡的 $U\text{-}I$ 图像，只需点击左上角"x=y"图标即可。点击该图标后，系统将数据组重新描

点，结果如图 12-3 所示。

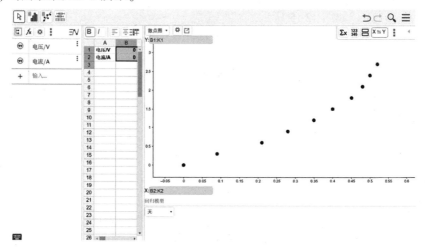

图 12-3

12.1.4 图线拟合，作出小灯泡的伏安特性曲线

坐标系的左下角"回归模型"的下拉菜单中有线性，多项式等多种拟合工具。可以不断进行尝试，直到找到最佳图线。

如选择"多项式"，次数选择"4"，即可得到如图 12-4 所示图像。点击左上角"⤓"图标，可以导出为图片。

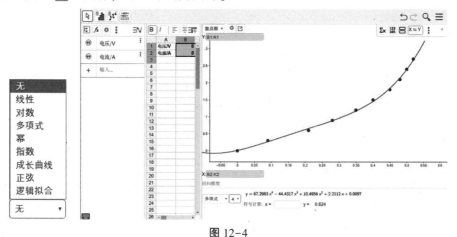

图 12-4

12.1.5 曲线拟合完成后，进行特殊值运算

拟合完成后，在图线下方会给出多项式的表达式。可以输入 x 的数值，求解 y 的数值。如在 x 后的输入框中输入"0.15"，表示求解电流强度为

0.15A 时灯泡两端的电压。当小灯泡的电流为 0.15A 时，小灯泡两端的电压值为 0.4617V。如图 12-5 所示。

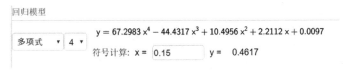

图 12-5

12.2 实验数据调用与运算——伏安特性曲线算功率为例

例题：利用上例的数据，在测得了小灯泡的伏安特性曲线后，将其接入电路。用电动势为 $E=3V$，内阻 $r=1\Omega$ 的电源给这个小灯泡供电。小灯泡消耗的实际功率为多少？

12.2.1 调用表格数据进入绘图区

点击 "⬈" 图标，选择 "复制到绘图区"。为了便于观察，保留代数区，启动绘图区，将表格区关闭。在代数区中将看到一个列表 $l1$，在绘图区中的曲线 g 就是刚才拟合的伏安特性曲线。如图 12-6 所示。

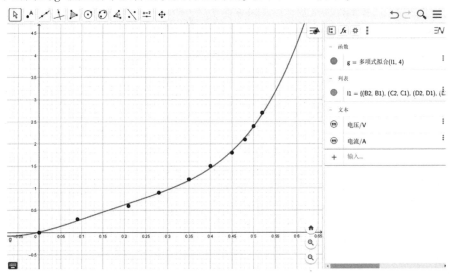

图 12-6

12.2.2 利用函数指令，设定电流强度的变化区间

在代数区输入"函数（g, 0<x<∞）"，得到函数曲线 h。隐藏曲线 g，得到电流强度 I 从零开始逐渐增大时小灯泡的伏安特性曲线。

12.2.3 利用判断指令，作出电源的 *U-I* 图像

构建滑动条 E 和 r。E 与 r 的大小可调，注意数值范围应符合实际。

在代数输入区输入分段函数指令"if($0<x<\dfrac{E}{r}$, E-rx, 0)"，指令含义是电路中的电流 I 从 0 到短路电流 $I_{短}$ 之间变化时，画出电源的路端电压 U 与 I 的图像。

设置好坐标系，用滑动条将电动势和内电阻调至 3V，1Ω。如图 12-7 所示。

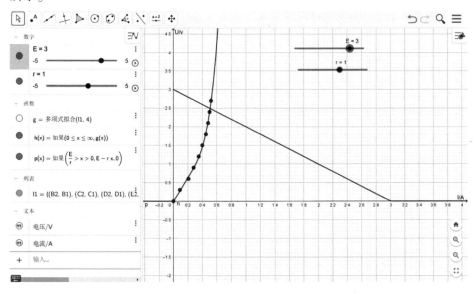

图 12-7

12.2.4 确定电路工作点

电源的路端电压与电流的图像是函数图像 p，小灯泡的伏安特性曲线是函数图像 h，两个图像的交点就是小灯泡在该电源供电时的工作点。

在代数输入区输入"交点（P, h）"，得到交点 A。设置 A 点，在"显示标签"下拉菜单中选择"名称与数值"，可得小灯泡的工作电压为 2.49V，工作电流为 0.51A。如图 12-8 所示。

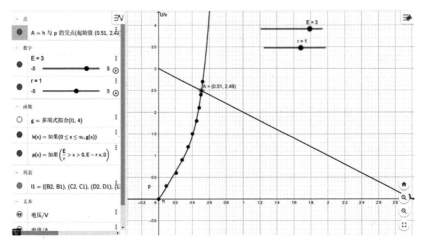

图 12-8

12.2.5 计算小灯泡的实际功率

根据电功率的定义 $P = UI$，将小灯泡工作点的电压和电流带入电功率公式即可得到小灯泡的实际功率。

在代数输入区输入"$P = x(A) \ y(A)$"，其含义为 P 在数值上等于 A 点横、纵坐标的乘积。将 P 直接拖入坐标系，即可动态显示小灯泡的实际功率。可以在代数输入区中的"text1 = 公式文本（P, true, true）"表达式后继续输入"+"w""，即可显示单位。如图 12-9 所示。

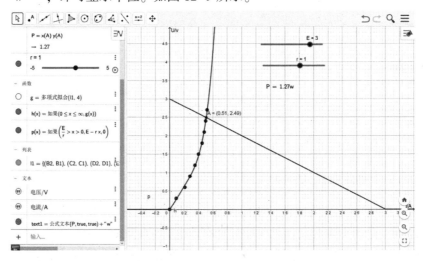

图 12-9

改变 E 与 r，即可获得不同电源供电时小灯泡的实际功率。

12.3 练习使用表格的记录功能——以工作电源内阻增大为例

在研究小灯泡的实际功率时，一般电源电动势几乎不变，但是电源的内电阻随着使用时间的增长会越来越大。

12.3.1 电源 E 与内阻 r 设置

利用上述例题，先设置电源电动势为 3V 且保持不变，电源的内电阻变化范围为 $0.5\sim5\Omega$，并将 r 调至最小值。"增量"设置为"0.25"，"重复"设置为"递增一次"。

12.3.2 选择需要记录的物理量

可以试着用一下"表格记录"功能，动态记录随着电源内电阻的增大，小灯泡的工作点的电压、电流及对应功率的瞬时值数据。操作步骤如下。

在表格区正常显示的情况下，在滑动条 E 和 r、文字 P、A 点四个对象上点击鼠标右键，勾选"记录到表格"。这四个数据将同步记录到表格的四列里。

在电源的路端电压与电流的图像上，即一次函数图像 P 上点击鼠标右键，勾选"显示踪迹"。

启动滑动条 r 的动画。随着 r 的增大，表格会自动记录 r、P、U、I 的数据。记录完成，可将每列的名称进行修改，如图 12-10 所示。

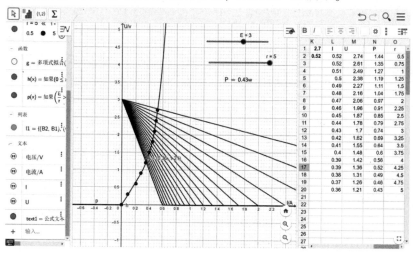

图 12-10

很多数理专业软件都自带有电子表格功能。笔者曾用朗威的 DISLAB 系统做过验证查理定律的实验，用一个密闭金属圆筒控制气体的体积不变，用温度传感器与压强传感器采集数据，利用 DISLAB 系统自带的软件平台处理实验数据。大家可以利用笔者测量的数据在 GeoGebra 平台中试着处理一下。实验装置如图 12-11 所示。

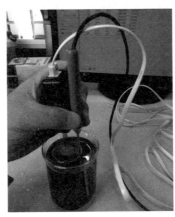

图 12-11

DISLAB 系统测量实验数据如图 12-12 所示。

计算表格	P2	T3	T=T3+273.	k=P2/T
1	96.6	3.0	276.0	0.35
2	96.8	3.8	276.95	0.35
3	97.6	6.8	279.95	0.35
4	98.2	8.4	281.55	0.35
5	98.9	10.9	284.05	0.35
6	99.6	12.9	286.05	0.35
7	100.1	14.0	287.15	0.35
8	100.1	14.3	287.45	0.35
9	100.4	14.8	287.95	0.35
10	101.7	18.0	291.15	0.35
11	101.5	17.9	291.05	0.35
12	103.5	22.9	296.05	0.35
13	103.5	23.0	296.15	0.35
14	104.9	26.9	300.05	0.35
15	104.9	26.7	299.85	0.35
16	106.0	30.3	303.45	0.35
17	106.0	30.0	303.15	0.35
18	105.9	29.8	302.95	0.35
19	107.2	33.0	306.15	0.35
20	107.2	32.9	306.05	0.35
21	108.3	35.6	308.75	0.35
22	108.2	35.5	308.65	0.35
23	108.8	36.5	309.65	0.35
24	108.7	36.4	309.55	0.35
25	109.6	38.5	311.65	0.35
26	109.3	38.2	311.35	0.35
27	110.4	41.6	314.75	0.35
28	110.4	41.3	314.45	0.35
29	111.3	43.7	316.85	0.35
30	111.3	43.6	316.75	0.35
31	110.9	42.6	315.75	0.35
32	113.4	49.0	322.15	0.35
33	113.3	48.7	321.85	0.35
34	115.0	52.8	325.95	0.35
35	114.9	52.6	325.75	0.35
36	115.7	54.8	327.95	0.35
37	115.6	54.9	328.05	0.35
38	123.7	75.0	348.15	0.36
39	123.2	73.8	346.95	0.36
40	122.7	71.8	344.95	0.36
41	122.0	70.6	343.75	0.35
42	121.3	69.0	342.15	0.35
43	120.4	66.6	339.75	0.35
44	119.8	64.7	337.85	0.35
45	119.3	63.5	336.65	0.35
46	118.7	61.5	334.65	0.35
47	117.9	59.7	332.85	0.35
48	117.5	58.9	332.05	0.35
49	117.2	58.0	331.15	0.35
50	116.5	56.2	329.35	0.35

图 12-12

DISLAB 软件平台数据处理 P-T 图像如图 12-13 所示。

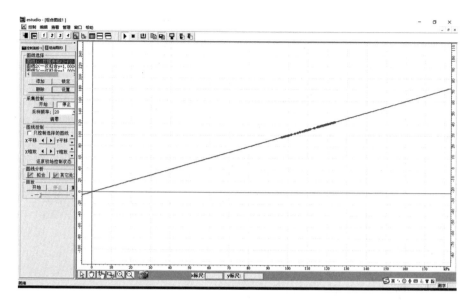

图 12-13

如果 GeoGebra 以后开发出数据采集系统，它在数据处理上的能力将会大大增强。

在教育教学工作中，用 GeoGebra 做学生成绩分析也很好用。

第13章　典型运动模型构建——直线运动

在物理学中，典型的直线运动模型主要是匀速直线运动和匀变速直线运动，可以直接建构一个点当作研究对象，也可以构建多边形或者圆形作为研究对象。

构建一个水平面，让一个小球在水平面上运动。

13.1 在平面直角坐标系中构建研究对象

利用"点工具"在 y 轴上构建一个点，如图 13-1 中的 A 点。点击关系"线工具"图标"⊥"，选择平行线功能，依次点击 A 点与 x 轴，得到过 A 点与 x 轴平行的辅助线 f。

把这条线当作物体的直线运动路径。

利用"点工具"在辅助线 f（即物体的运动路径）上建构一点，如图 13-1 中的 B 点。点击"关系线"工具图标"⊥"，选择"垂线"功能，依次点击 B 点 x 轴，得到过 B 点与 x 轴垂直的辅助线 g。

要把 B 点当作研究对象的控制点，也就是研究对象小球的球心。

利用"点工具"中的交点"✕交点"功能，依次点击辅助线 g 与 x 轴，得到它们的交点 C。如图 13-1 所示。

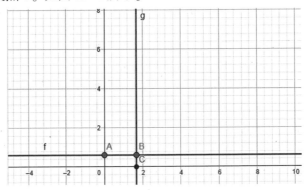

图 13-1

点击"圆"工具图标"⊙",选择"圆(圆心与一点)"功能。依次点击 B 点与 C 点,得到一个以 B 点为圆心、以 BC 线段长度为半径的圆。该圆就是研究对象,B 点是这个对象的控制点,C 点是辅助点。

隐藏与点无关的辅助线段、标签名称,在圆上点击鼠标右键,在属性菜单中选择"斜线"进行填充。如图 13-2 所示。

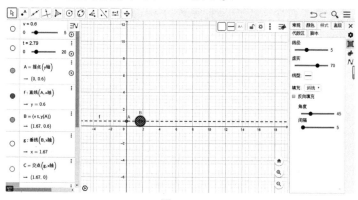

图 13-2

13.2 匀速直线运动模型

建构表示时间与速度的滑动条,过程如下。

点击"控件"工具图标" ⓑ=2 ",选择"滑动条"功能。

创建表示速度大小的滑动条 v,设置最大与最小值,如 0~5。

创建表示时间的滑动条 t,设置最大与最小值,如 0~20。为了是小球的运动过程容易观察,t 的增量可设置为 0.005。

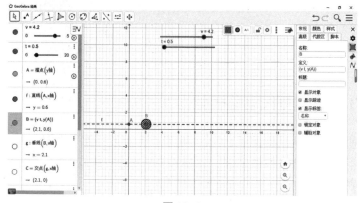

图 13-3

在运动对象的控制点 B 上点击鼠标右键，在其"常规"菜单"定义"下方的输入栏中输入"（v t, y（A））"，表示 B 点的横坐标为 vt，纵坐标为 A 点的纵坐标。如图 13-3 所示。

在滑动条 t 上点击鼠标右键，勾选"动画"，物体即可沿 x 轴方向作匀速直线运动。为了能更直观地表现物体的运动情况，在 B 点的属性菜单中勾选"显示踪迹"，若要暂停，点击坐标系左下角的图标"⏸"即可。如图 13-4 所示。

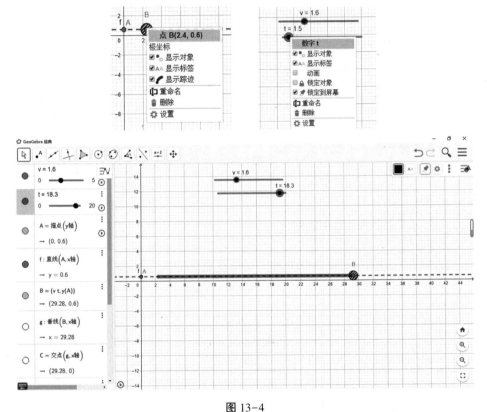

图 13-4

13.3 匀变速直线运动模型

在匀速直线运动模型的基础上，利用"滑动条"工具创建一个表示加速度的滑动条 a 并设置其取值范围，比如 $-1\sim1$。若初速度 v 与 a 符号相同则加速，反之则减速。如图 13-5 所示。

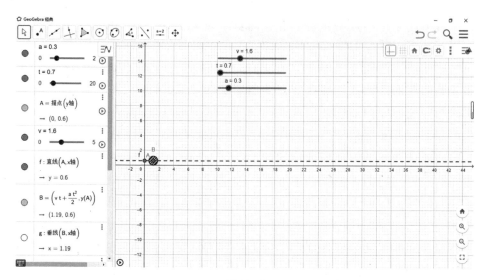

图 13-5

匀变速直线运动方程为：$s = v_0t + at^2/2$。

B 点控制小球的运动。在 B 点上点击鼠标右键，在"定义"中输入"（v t+at^2/2，y（A））"。指令含义是横坐标为 $v\ t + at^2/2$，纵坐标是 A 点的纵坐标。因为 A 点固定，所以 A 点的纵坐标不变，这样就控制了小球在 y 方向静止。如图 13-6 所示。

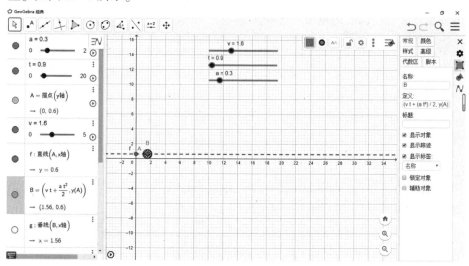

图 13-6

为了观察小球的运动轨迹，在 B 点上点击鼠标右键，在弹出的属性设置菜单中勾选"显示踪迹"。

在滑动条 t 上点击鼠标右键，勾选"动画"，小球即可作匀变速直线运动。

如图 13-7 所示，小球初速度 4m/s，加速度 -1m/s^2。小球对应的运动过程是先向右减速到零，再反向向左加速。

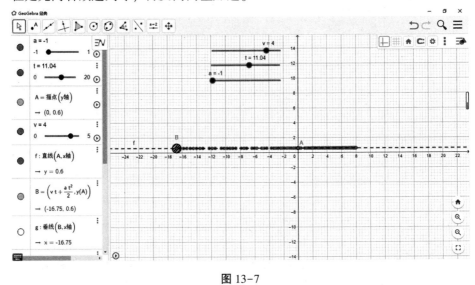

图 13-7

为了方便控制物体的运动，可在坐标系中设置"按钮"等交互工具，具体设置方法会在以后的章节中进一步学习。

第 14 章　典型运动模型构建——圆周运动

14.1 匀速圆周运动

匀速圆周运动是最典型的圆周运动模型，线速度大小不变，合外力提供向心力。下面我们学习制作一个圆周运动模型，要求线速度大小动态可调。

14.1.1 设置圆轨道的半径动态可调

用"滑动条"工具设置动态可调的圆轨道半径。点击交互控制图标"⊡"，选择"滑动条"功能，构建表示半径的滑动条 r 并设置 r 的取值范围，如 1～10。

点击"圆"工具图标"⊙"，选择"圆心与半径"功能。点击坐标原点后会弹出一个对话框，要求输入半径的参数，在对话框中输入表示半径的参数 r。这个 r 就是第一步里建构的滑动条变量，即这个圆的半径大小可以通过滑动条 r 控制。如图 14-1 所示。

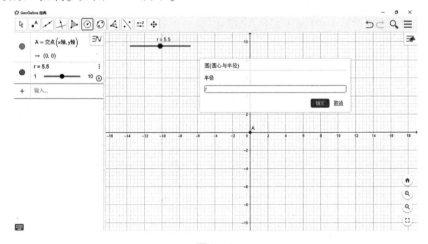

图 14-1

14.1.2 用"滑动条"工具设置动态可调的圆周运动的角速度

点击交互控制图标"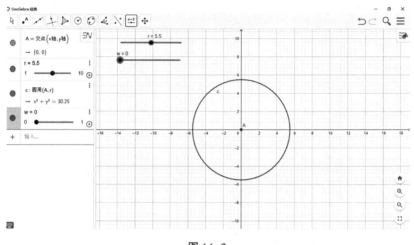"，选择滑动条功能，构建表示角速度的滑动条 w，设置其取值区间，如 $0\sim1$。

根据圆周运动规律，线速度大小等于角速度与半径的乘积。在代数输入区输入"$v=wr$"，定义一个新的变量 v，用 v 表示圆周运动的线速度大小。如图 14-2 所示。

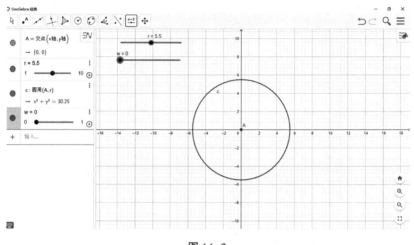

图 14-2

14.1.3 构建研究对象

设置运动对象：在圆周 c 上利用"点"工具建构一个点 B，点 B 表示做圆周运动的物体。

设置运动对象的速度：在 B 点上点击鼠标右键，在属性设置菜单中，设置速度为 v，速度增量为 0.01。

设置运动对象的动画运动形式：在"重复"下拉菜单中，若选择"递增"，B 物体逆时针方向转动；若选择"递减"，B 物体顺时针方向转动；若选择"双向"，B 物体以起始点为中心往复做圆周运动；若选择"递增（一次）"，B 物体做一次完整的圆周运动回到起始点后停止运动。如图 14-3 所示。

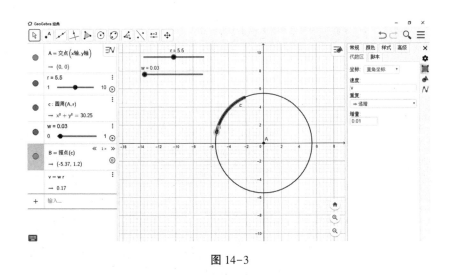

图 14-3

14.1.4 用滑动条 r 和 w 可以控制匀速圆周运动的线速度大小

根据 $v=wr$，滑动条 r 与 w 可控制线速度 v 的大小，r 滑动条同时可以控制圆周半径大小。

14.2 伽利略的"圆周摆"与惠更斯的"摆线"

某日，年轻的物理学家伽利略在比萨斜塔旁边的教堂里做礼拜，他发现了往复摆动的吊灯运动时间很有规律。他利用自己的脉搏当计时器，发现了单摆振动的等时性。我们现在知道当单摆在竖直平面内振动时，若摆角小于5°，可认为是简谐振动，具有等时性。

14.2.1 利用图片功能做伽利略"圆周摆"图示

14.2.1.1 插入图片

可以利用"交互控制"工具栏中的图片"🖼 图片"工具，在绘图区输入一张图片并调整它的位置和大小。

为了防止图片的位置在调整其他几何对象时发生移动，在输入的这张"比萨斜塔"图片上点击鼠标右键，将其设置为"背景图片"。

14.2.1.2 创建单摆运动路径

利用"圆"工具中的"圆"或者"圆弧"功能构建一段合适的圆弧 c，

找到圆弧的圆心。圆弧的半径可以利用指令"半径（c）"确定。

利用线段工具构建单摆的摆线，利用角度测量工具构建一个 α 角。隐藏坐标系与网格线，得到如图 14-4 所示的图像。

图 14-4

为了让画面更加简洁，可点击代数输入区左上角的" ⋮ "图标，关闭"代数输入区"。若有需要，可再调整图像的位置。如图 14-5 所示。

图 14-5

完成作图后，导出图片。在菜单"文件"中，选择"导出图片"，点击"下载"，可将该图片储存到电脑指定的文件夹中。如图 14-6 所示。

图 14-6

14.2.2 惠更斯的等时"摆线"

伽利略的圆周摆在摆角过大或者说是振幅过大时，单摆运动的等时性就会被破坏。惠更斯提出要找一条曲线，单摆在这条曲线上运动时其周期性和振幅无关。经过伯努利、牛顿、莱布尼兹等多位科学家的研究，最终找到了这条曲线，即现在被称为"摆线"或者"旋轮线"的曲线，这条曲线也是物体沿斜面下滑的"最速降线"。它是一个圆在一条直线上滚动时，圆周上某个定点的轨迹。

摆线方程：$x = r(t - \sin t)$　　　$y = r(1 - \cos t)$

下面用 GeoGebra 把摆线的图形呈现出来。

在坐标系任意位置利用"点"工具构建一个点，如图 14-7 中的 A 点。

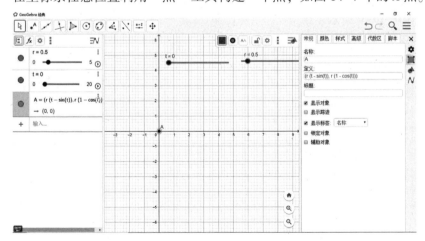

图 14-7

利用"滑动条工具"建构滑动条 r 并设置其大小范围，如 $0\sim5$。利用"滑动条工具"建构滑动条 t 并设置其大小范围，如 $0\sim20$。

在 A 点上点击鼠标右键，勾选"显示踪迹"。点击"设置"，在属性菜单中"定义"输入框中输入 A 的坐标定义"（r(t-sin(t)), r(1-cos(t)))"。如图 14-7 所示。

在滑动条 t 上点击鼠标右键，启动动画。A 点运动即形成摆线。如图 14-8 所示。

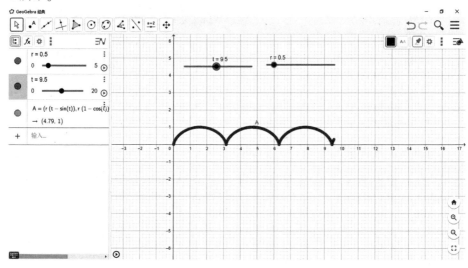

图 14-8

为了与伽利略的圆周摆对比，把上图的摆线做一个改进。

设置时间滑动条，将其取值范围设置为 $0\sim2\pi$，这样就可以只画一个拱形。如图 14-9 所示。

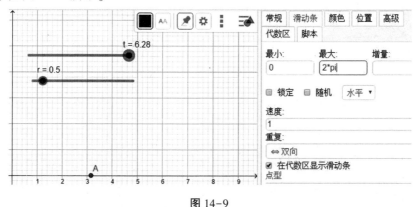

图 14-9

设置 A 点的坐标定义。在属性菜单中的"定义"输入框中输入 A 的坐标定义"（r(t-sin(t))，-r(1-cos(t)))"，摆线将关于 x 轴对称，开口向上。如图 14-10 所示。

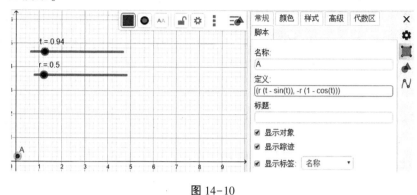

图 14-10

在滑动条 t 上点击鼠标右键，开启动画，"重复"选择"双向"，即可得到 A 点往复在摆线上运动的模型。在代数输入区的滑动条旁边也有"播放"或者"暂停"图标。如图 14-11 所示。

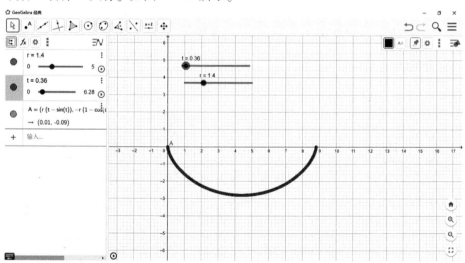

图 14-11

第 15 章　典型运动模型构建——平抛运动

15.1 平抛运动模型的构建

15.1.1 平抛运动的运动规律

平抛运动是物体在重力的作用下，以一定的水平速度抛出的运动。

以抛出点为坐标原点，物体的运动学方程如下：

$x = vt$

$y = gt^2/2$

若物体在坐标系中任意一点 (x_0, y_0) 开始做平抛运动，物体的运动学方程为：

$x = x_0 + vt$

$y = y_0 + gt^2/2$

x_0，y_0 只需要用指令 x(点的名称)，y(点的名称) 调取抛出点的坐标值即可。注意这个操作过程不能直接调用表示研究对象的点的初位置坐标，因为这个点的坐标在运动过程中一直在变化。可以再建构一个辅助点，位置与表示研究对象的点重合，用指令调用这个辅助点的 x_0，y_0 即可。

最好是将物体的抛出点设置为坐标原点，下文讨论过程就是将坐标原点作为抛出点进行的。

15.1.2 平抛运动动态演示模型的制作

点击"交互"控制图标"⊞"，选择"滑动条"功能。创建滑动条 t 并设置其取值范围，如 0～5，用 t 表示时间。同理创建滑动条 v 并设置其取值范围，如 v 取值范围设为 -5～5。v 表示物体抛出的水平初速度。

在代数输入区输入"$g = 9.8$"，g 表示重力加速度，取值 9.8m/s^2。系统会自动创建一个滑动条，默认为隐藏状态。

利用"点"工具，在坐标系的合适位置创建一个点 A。如图 15-1 所示。

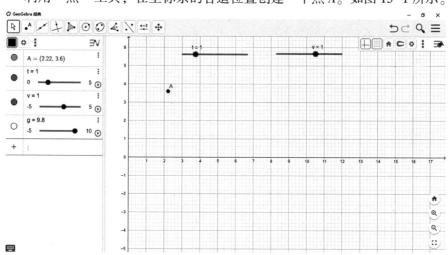

图 15-1

根据滑动条取值范围的设置，t 的最大值为 5s，v 的最大值为 5m/s。

在 5s 时间内，水平方向的位移大小为 $vt=25$m，竖直方向的位移大小 $gt^2/2\approx125$m。缩放坐标系至合适的刻度范围并将坐标原点移动至屏幕中心附近，在坐标轴上点击鼠标右键，在弹出的属性设置菜单中将坐标轴比例："x 轴：y 轴"设置为"1:5"。如图 15-2 所示。

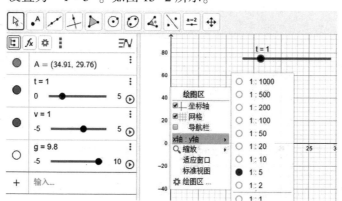

图 15-2

下面对表示研究对象的点 A 进行设置。

在 A 点上点击鼠标右键，在弹出的属性菜单中勾选"显示踪迹"。坐标系中就能显示 A 点的运动轨迹了。

在属性菜单中点击"设置"，在 A 点的定义输入框中输入 "（v t,(-（g t²))/2)"。即定义 A 点 x 的坐标是 vt，y 的坐标是 $(-(gt^2))/2$。A 的坐标随

着 t 的变化而变化。如图 15-3 所示。

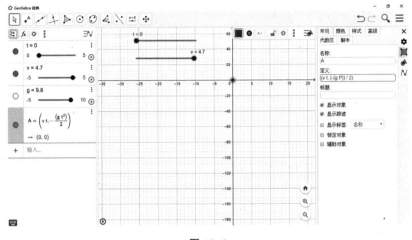

图 15-3

设置滑动条 t，将"重复"设置为"递增（一次）"。若这样设置，动画过程就对应着时间 t 从最小值变化到最大值就停止，与物体实际的抛体运动过程相符合。在滑动条 t 上点击鼠标右键，勾选"动画"，或者在代数输入区的 t 滑动条后面点击"⊙"图标，启动运动过程。$v>0$、$v<0$、$v=0$ 的三种平抛运动情况如图 15-4 所示。

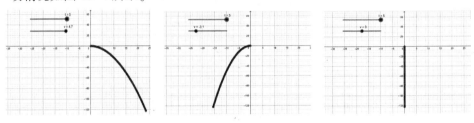

图 15-4

初速度 $v=0$，运动情况对应着物体做自由落体运动的过程。

物体平抛运动过程结束后，无法使用鼠标将物体移动到初位置，因为物体的位置受到表示时间的滑动条 t 的控制，可以用两种方式让物体回到初位置。

第一，直接调节滑动条 t。

调节至 $t=0$，物体回到初位置。若需要去除已经记录的运动痕迹，按 Ctrl+F 即可。如果没有消除痕迹，可点击一下屏幕再按 Ctr+F。

第二，设置一个复位按钮。

点击"交互"控制图标"▣²"，选择"按钮"功能。在坐标系合适的位置点击鼠标左键，在弹出的对话框中输入按钮的标题，如"复位"，在指令栏

中输入 "t=0" 即可。如图 15-5 所示。

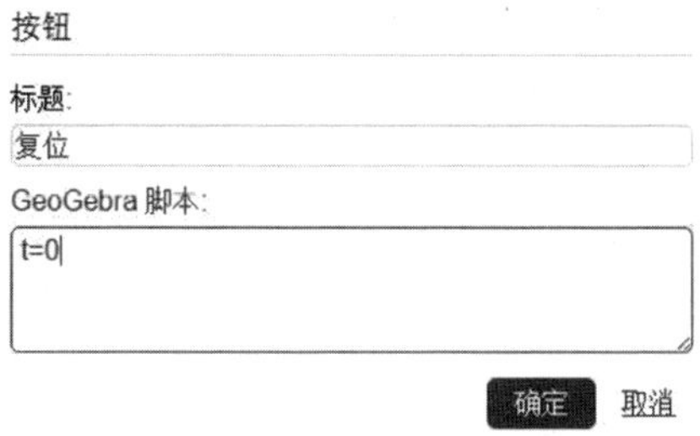

按钮

标题:

复位

GeoGebra 脚本:

t=0

确定　取消

图 15-5

在物体运行过程中的任意时刻,点击"复位"按钮,物体都会回到初位置。在一次平抛运动完成之后,点击"复位"按钮,物体将回到初位置并保持静止。

调节初速度,启动滑动条 t 的动画,即可进入下一个平抛运动的过程。如图 15-6 所示。

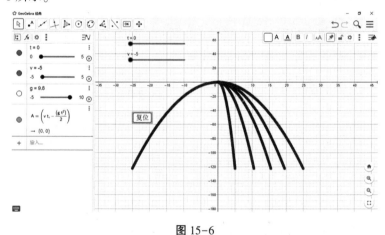

图 15-6

若要移动"复位"按钮的位置,在其上点击鼠标右键,去除锁定后即可按需要进行位置移动。如图15-7 所示。

图 15-7

15.2 运动的合成与分解

分解与合成的物理思想是等效替代。物体的实际运动是合运动,若物体同时参与几个运动且这几个运动的效果与实际运动相同,则这几个运动就是该实际运动的分运动。

平抛运动可以分解为水平方向的匀速直线运动和竖直方向的自由落体运动,运动轨迹是复杂的曲线。利用运动合成与分解,可将复杂的曲线运动转化为简单的直线运动进行分析,这也是"化曲为直"的物理思想的典型应用。在研究牛顿第二定律、电源电动势与内电阻的测量、波义耳定律等实验时,处理实验数据的典型方法就是应用"化曲为直"的思想,让物理量之间的关系以线性关系呈现出来。

15.2.1 平抛运动的合成与分解

构建研究对象:如图 15-8、图 15-9 所示。在上一节的基础上再用"点"工具构建两个研究对象:点 B 和点 C。

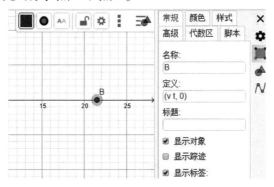

图 15-8

在点 B 上点击鼠标右键,在其坐标定义中输入"(vt, 0)"。点 B 的运动表示水平方向的分运动——匀速直线运动。在点 C 上点击鼠标右键,在其坐标定义中输入"(0, gt^2/2)"。点 C 的运动表示竖直方向的分运动——自由落体运动。若在绘图区选择 B、C 点不方便,可在代数输入区对 B 点和 C 点进行设置。

为了直观显示 A、B、C 三个对象运动过程中的空间位置,过 B 点作 y 轴的平行线,过 C 点作 x 轴的平行线。

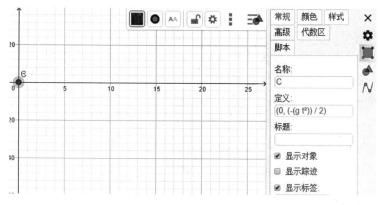

图 15-9

若 *A*、*B*、*C* 三点重合导致不方便选择对象，可在代数输入区中输入指令"直线（B, y 轴）"和"直线（C, x 轴）"完成。或者也可以启动 *t* 的动画，等三个点分开后暂停运动，点击"关系线"工具图标"$\boxed{\downarrow}$"，选择"平行线"功能进行设置。

点击"复位"按钮，启动滑动条 *t* 的动画。观察分运动与合运动的情况。同一时刻，*A* 物体的水平位移与 *B* 相同，竖直位移与 *C* 相同。

观察 *A*、*B*、*C* 三个对象在动态运动过程中的位置关系难度比较大，方便对比的位置只有运动停止后的末位置。如图 15-10 所示。

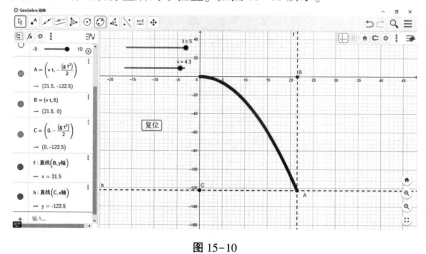

图 15-10

15.2.2 优化动态演示的设计，降低对比观察的难度——模拟频闪照相

在 *A*、*B*、*C* 三个对象的运动过程中，若能每隔一定的时间记录一次位置，即能实现频闪照相的效果，对比观察 *A*、*B*、*C* 三个对象的空间位置关系将更

加直观。

可以采用"步进"的思想去实现。若研究对象被设置为"显示踪迹"，它的运动过程踪迹不会因为暂停而消失。每隔一定的时间记录一次三个对象的位置，就能实现频闪照相的效果。

设置 A、B、C 三个研究对象，都勾选"显示踪迹"。

点击"交互"控制图标"⌨"，选择"按钮"功能。

在坐标系中建构一个按钮。点击鼠标右键，在弹出的属性对话框中进行设置。如标题命名为"步进"，在"GeoGebra 脚本"中输入"t=t+1"，指令含义是每点击一次该按钮，时间就增加 1 秒，由 t 时刻到 $t+1$ 时刻，然后时间暂停，等待再一次按下按钮。如图 15-11 所示。

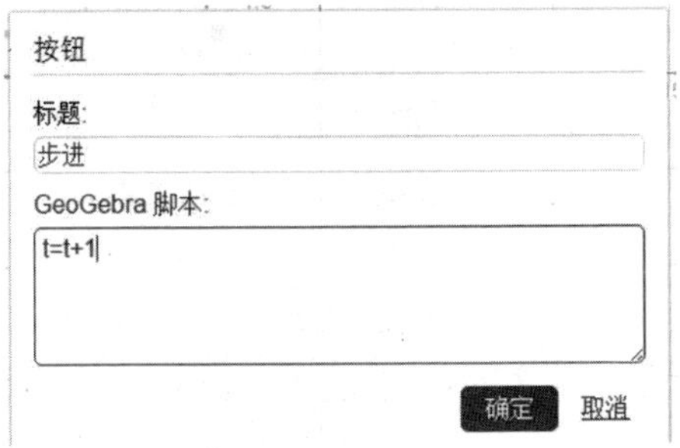

图 15-11

因为 A、B、C 三个物体都设置为"显示踪迹"，故每个暂停的时刻 A、B、C 三个对象都会留下一个痕迹。这样就实现了频闪照相的效果。

运行结果如图 15-12 所示。

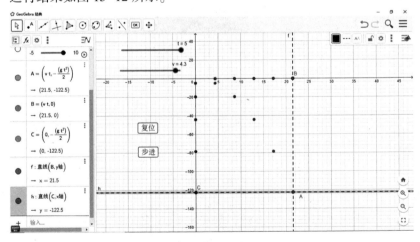

图 15-12

第 16 章　交互控制工具的使用

在第 15 章我们学习了"按钮"功能的使用，为了控制平抛运动，设计了"复位"按钮与"步进"按钮。掌握了 GeoGebra 基本功能后，为了更好地应用 GeoGebra 的动态呈现功能与控制功能，还需要学习交互控制工具的使用，其中"滑动条工具"前面使用得比较多，本章主要学习"按钮"与"复选框"功能的基本使用方法。

16.1 "复选框"功能的使用

布尔变量是具有两种逻辑状态的变量：真（true）和假（false）。能产生真假两种结果的运算称为布尔运算。布尔变量在 GeoGebra 中主要是控制对象是否显示，也可以作为条件判断的依据。

16.1.1 控制对象是否显示

在前面的学习中，为了能观察物体运动的轨迹，都采用了让对象"显示轨迹"来实现。在本章使用"轨迹"指令构建一个对象的轨迹，然后用布尔变量控制这个对象的轨迹"显示"或者"隐藏"，通过这个简单的示例来学习"复选框"的基本功能。

利用"点"工具和"椭圆"工具在坐标系中用三个点 A、B、C 构建一个椭圆，这三个点是椭圆的控制点。

在 x 轴构建一个点 D，在椭圆上构建一个点 E，E 点即为椭圆上的动点。利用"线"工具的线段功能链接 E、D 即可得到 ED 线段，D 点、E 点可动。如图 16-1 所示。

点击"⊡"工具，选择"中点"功能。依次点击 D、E 两点，得到线段 DE 的中点 F，也可以直接在代数输入区输入"中点（D, E）"。

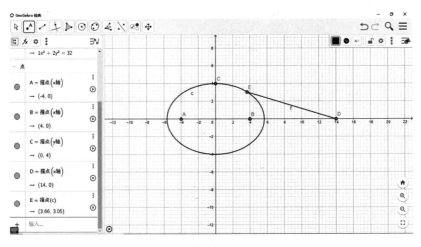

图 16-1

利用"显示踪迹"功能观察 F 点的运动路径。线段 DE 的中点 F 上点击鼠标右键，在弹出的属性设置菜单中勾选"显示踪迹"。启动 E 点"动画"，即可记录 F 点随 E 点运动形成的路径。如图 16-2 所示。

停止后按 Ctrl+F，已记录的 F 点的踪迹就会消失。所以，仅设置 F 的"显示踪迹"功能，系统更新作图后无法继续保留 F 点的运动路径。

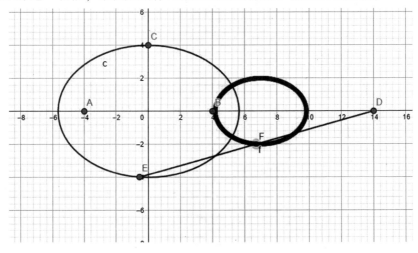

图 16-2

利用"轨迹"功能，设置 F 点，记录其运动"轨迹"。为了让 F 点的轨迹不会因为更新作图而消失，需要使用软件提供的"轨迹"功能。

点击"关系线"图标"⊡"，选择"轨迹"功能，点击 E 点、F 点，F 点的运动轨迹会立即呈现在坐标系中。F 点的轨迹也可用指令去实现，在代数输入区输入"轨迹（F，E）"，指令含义是记录 F 点在 E 点控制下的运动轨迹。如图 16-3 中的 loc1 即为 F 点的运动轨迹。

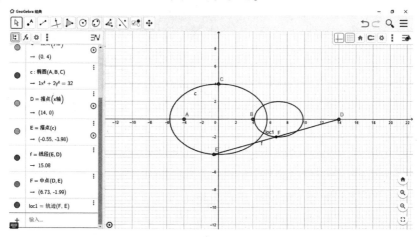

图 16-3

用"复选框"功能控制 F 的轨迹"loc1"是否显示。

在"交互"控制工具中选择复选框功能"☑●"，在坐标系的合适位置点击鼠标左键就会弹出复选框的设置表单。如在标题栏中可输入"F 点轨迹"，在下拉菜单中选择"轨迹 loc1：轨迹（F，E）"，确定即可。

在代数输入区，系统会自动给复选框命名，初始值赋值为"true"。如图 16-4 所示。

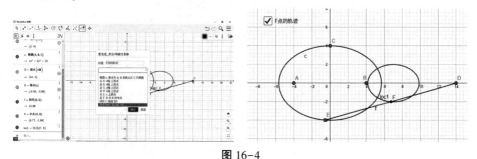

图 16-4

点击复选框，方框内的"√"将消失，复选框的布尔值将变为"false"，"● ▢ a = false ⋮"。F 的轨迹同时会被隐藏。再次点击复选框，F 点的轨迹又会显示出来。如图 16-5 所示。

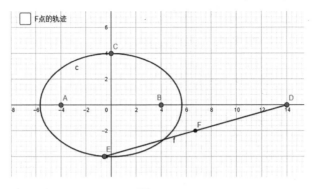

图 16-5

复选框功能对物理过程分析的分步呈现特别有用，如受力分析过程中，可以把各个力按照需要进行显示或者隐藏。

16.1.2 利用布尔变量作控制条件

可利用布尔变量的逻辑值作为触发其他对象动作的控制条件，以本章讨论的 F 点的轨迹为例进行讨论。

为了能够动态演示，前面采用了在对象的属性菜单中勾选"动画"功能的方式进行。当对象多了，这种方式就会有些不方便，现在试着用布尔变量控制动态演示过程的开始与暂停。

点击"交互"控制图标"⚃"，选择"复选框"功能。

在坐标系合适位置点击鼠标左键，在弹出的对话框中进行设置。如在标题栏输入"on/off"，表示这是一个控制开关。不用关联对象，直接确定即可。该复选框被系统命名为布尔变量 b。如图 16-6 所示。

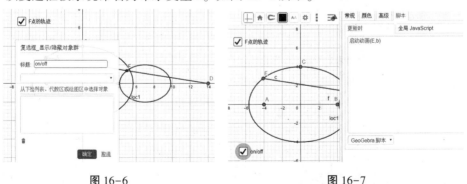

图 16-6   图 16-7

在"on/off"复选框上点击鼠标右键，在"脚本"中输入"启动动画 (E, b)"。其含义是当 $b = \text{true}$ 时启动 E 点的动画，否则便停止。如图 16-7 所示。

现在只需要点击"on/off"复选框，就可以控制 E 点的动画开始或者暂停了。

16.1.3 布尔运算

布尔运算的运算符可以利用软件自带的虚拟键盘输入。

点击左下角的虚拟键盘图标"▦"，在数字输入区与字母输入区能迅速输入逻辑运算的算符。若需要判断物理条件是否满足，可以进行"相等""与""或""非"等布尔运算。如图 16-8 所示。

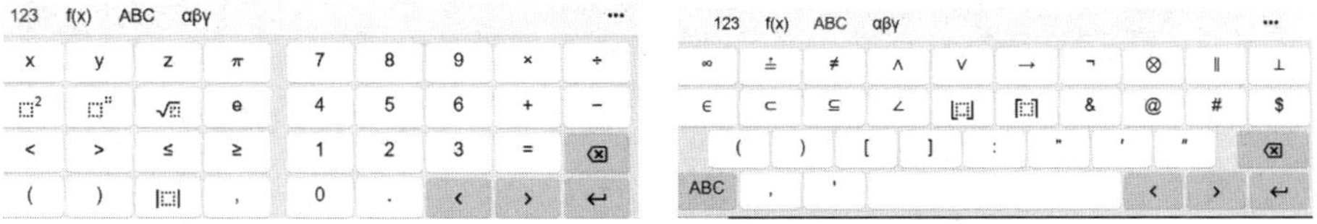

图 16-8

下面通过设计一道电学的选择题，学习利用布尔运算的结果当作显示条件。

依次建构 4 个复选框，在标题栏中分别输入 4 个选择题的选项，获得 4 个布尔变量，如图中的 b、c、d、e。解除几个布尔对象的屏幕锁定状态，调整它们到合适的位置上。

利用"文本"工具输入三段文字："下列说法正确的是："\"回答正确！\""答案有些问题，再想想吧。"如图 16-9 所示。

下列说法正确的是：

☐ A.电源时储存能量的装置。

☐ B.电源的电动势大小等于内外电压之和。

☐ C.电源的电动势与外电阻的大小有关。

☐ D.电源电动势越大，电源的输出功率就越大。

图 16-9

四个复选框都可以勾选，而本题的正确答案只有 B，只有选择 B 一个选项时程序才给出回答正确的判断，其他的选择都要判断答题错误。

下面对判定正、误两段文本进行条件设置，a、b、c、d 布尔运算的结果就是文本的显示条件。

在"答案有些问题，再想想吧"的文本上点击鼠标右键会弹出属性设置

菜单，在属性菜单"高级"栏目中的"显示条件"输入框中输入"c||d||a"。如图 16-10 所示。

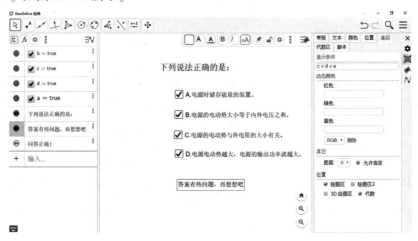

图 16-10

"c||d||a"表达式的含义是对布尔变量 a、c、d 进行"或"运算，只要 a 或 c 或 d 有一个逻辑值为"true"，则布尔运算结果为"true"，"答案有些问题，再想想吧"文本的显示条件成立。也就是说只要答案中含有 A、C、D 其中的一个选项，答案就判定为错误。

在"回答正确！"的文本上点击鼠标右键会弹出属性设置菜单。在属性菜单"高级"栏目中的"显示条件"输入框中输入"b&&! c&&! d&&! a"。

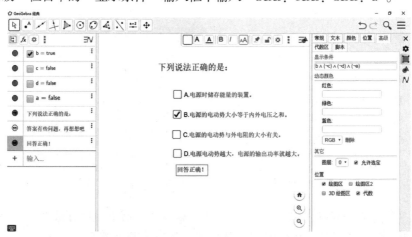

图 16-11

"b&&! c&&! d&&! a"表达式的含义是对布尔变量 a、b、c、d 进行"且"运算，b 的逻辑值为"true"且同时满足 b、c、d 的逻辑值为"false"

时布尔运算结果才为"true"，"答案正确！"的文本显示条件成立。也就是说只选择 B 一个选项时，答案才判定为正确。如图 16-11 所示。

若一个答案都没有勾选，则两段文本的显示条件都不满足。

任意勾选选项，给出几组答案，检查是否会出现与设计预想不符的错误。如图 16-12 所示，测试完成后，可判断程序设计符合预期。

没有勾选答案	勾选两个答案	勾选三个答案（不含 B）
下列说法正确的是： ☐ A.电源时储存能量的装置。 ☐ B.电源的电动势大小等于内外电压之和。 ☐ C.电源的电动势与外电阻的大小有关。 ☐ D.电源电动势越大，电源的输出功率就越大。	下列说法正确的是： ☑ A.电源时储存能量的装置。 ☑ B.电源的电动势大小等于内外电压之和。 ☐ C.电源的电动势与外电阻的大小有关。 ☐ D.电源电动势越大，电源的输出功率就越大。 答案有些问题，再想想吧	下列说法正确的是： ☑ A.电源时储存能量的装置。 ☐ B.电源的电动势大小等于内外电压之和。 ☑ C.电源的电动势与外电阻的大小有关。 ☑ D.电源电动势越大，电源的输出功率就越大。 答案有些问题，再想想吧
勾选三个答案（含 B）	勾选四个答案	勾选正确答案
下列说法正确的是： ☑ A.电源时储存能量的装置。 ☑ B.电源的电动势大小等于内外电压之和。 ☐ C.电源的电动势与外电阻的大小有关。 ☑ D.电源电动势越大，电源的输出功率就越大。 答案有些问题，再想想吧	下列说法正确的是： ☑ A.电源时储存能量的装置。 ☑ B.电源的电动势大小等于内外电压之和。 ☑ C.电源的电动势与外电阻的大小有关。 ☑ D.电源电动势越大，电源的输出功率就越大。 答案有些问题，再想想吧	下列说法正确的是： ☐ A.电源时储存能量的装置。 ☑ B.电源的电动势大小等于内外电压之和。 ☐ C.电源的电动势与外电阻的大小有关。 ☐ D.电源电动势越大，电源的输出功率就越大。 回答正确！

图 16-12

16.2　"按钮"制作与使用——以开普勒第二定律动态演示为例

"按钮"的功能是通过点击"按钮"时，执行其中的指令来实现控制作用，"按钮"是交互控制中最常用的控制方式，GeoGebra 的指令有多丰富，"按钮"的功能就有多强大。本节学习制作具有"开始"与"暂停"功能的按钮，以较好地控制对象的动态变化。

开普勒行星运动定律包括轨道定律（第一定律）、面积定律（第二定律）和周期定律（第三定律），其中开普勒第二定律的物理实质是行星围绕太阳运行时其角动量守恒。简要说明如下：

质点角动量的定义：$L = r \times P = rp\sin\alpha = rmv\sin\alpha$，$v$ 与 r 都是矢量，α 是它

们之间的夹角。

应用微分思想，可求得单位时间行星与太阳的连线扫过的面积 $\Delta A/\Delta t$。

$$\Delta A = \frac{1}{2} r\Delta r \sin\alpha$$

$$\frac{\Delta A}{\Delta t} = \frac{1}{2} r \frac{\Delta r}{\Delta t} \sin\alpha = \frac{1}{2} rv\sin\alpha$$

对于确定质量的行星来讲，围绕太阳旋转时其角动量 L 守恒。$L/m = rv\sin\alpha$ 为定值，由此可证明开普勒第二定律是正确的。

下面，用 GeoGebra 进行动态模拟开普勒第二定律。

16.2.1 构建开普勒第二定律动态演示模型

如图 16-13，构建椭圆轨道，将焦点 A 设置为太阳的位置，在椭圆轨道上设置一个动点 E 表示行星。

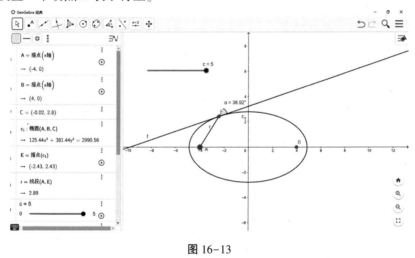

图 16-13

根据开普勒第二定律，$rv\sin\alpha$ 三者的乘积为定值，设 $c=rv\sin\alpha$，构建滑动条 c 表示这个常数。

使用"线"工具中的线段功能，连接 A、E 两点。如图 16-13 中的线段 r，r 表示太阳与行星的连线。

点击" "图标，点击 E 点与椭圆，得到过 E 点的椭圆的切线，如图中的直线 f，f 即为速度的方向所在的直线。

点击"测量"工具图标" "，选择"角度"功能。点击过 E 点的切线 f 与线段 AE，得到速度与 r 两个矢量的夹角 α。

在 E 点上点击鼠标右键，在"代数区"菜单下的"速度"输入框中输入 "c/r*sin(α)"。表示 E 点的速度与太阳和行星连线的距离 r、r 与 v 的夹角 α

的数量关系。

在代数输入区输入"v=c/r＊sin（α）"，并将该公式拖入坐标系中，形成一个公式文本，可以动态显示 E 的瞬时速度的大小。

将椭圆 c_1、太阳与行星连线 r 设置为虚线，将辅助切线 f 隐藏。

在 E 点上点击鼠标右键，启动动画，可观察行星的线速度的变化情况。如图 16-14 所示。

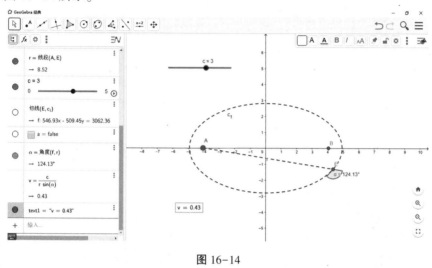

图 16-14

16.2.2 打开"表格区"记录 r 与 v 的对应关系

根据开普勒第二定律可判断，近日点行星的线速度最大，远日点行星的线速度最小。为了能对比理解，可以开启"表格区"，在线段 r 上点击鼠标右键，在其属性菜单中勾选"记录到表格"，同理将公式文本也设置为"记录到表格"。

再次开启 E 点的动画，矢径 r 与线速度 v 的对应关系将记录在表格中。研究表格中记录的数据，易得 r 越大，v 越小，近日点 r 最小而 v 最大的结论，同理可讨论远日点。

记录数据的表格如图 16-15 所示。注意：先设置显示表格区后才能将数据记录进表格内。

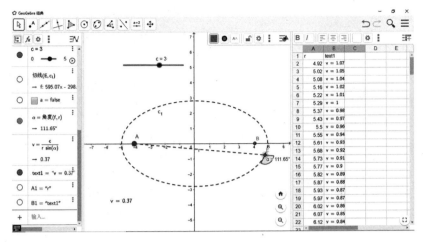

图 16-15

16.2.3 制作"开始"与"暂停"控制按钮

如果"开始"是"true",则"暂停"是"false","开始"与"暂停"的逻辑关系就是"是"与"非"的关系。思路就是使用一个布尔变量控制动画,点击"开始"按钮,系统对该布尔变量赋值为"true",动画执行。点击"暂停"按钮,系统则对该布尔变量赋值为"false",动画停止。

独立设置"启动"和"暂停"按钮过程如下。

点击"交互"控制图标"⚏",选择"复选框"功能。在坐标系的合适位置点击鼠标左键,在弹出的对话框标题中输入名称并确定,若自己不输入名称,系统将为其自动命名。如图 16-16 中的复选框"b"。

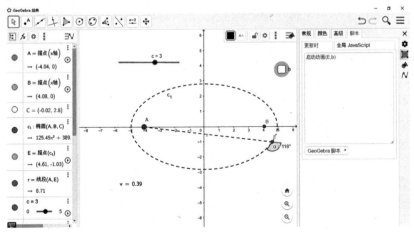

图 16-16

在复选框"b"上点击鼠标右键，在弹出的属性设置菜单中点击"设置"，在"更新时"脚本输入框中输入指令"启动动画（E，b）"。指令含义是当布尔变量 b 为"true"时，点 E 的动画启动。这个布尔变量 b 就已经像前面介绍的一样，可以自己控制 E 点动画的开启与暂停了，就是没有按钮控制起来那么友好而已。如图 16-16 所示。

点击"交互"控制图标"⬚"，选择"按钮"功能。在坐标系中的合适位置点击鼠标左键，在弹出的对话框中进行设置。在标题栏输入"启动"，这是按钮的名称。在脚本输入框中输入"赋值（b，1）"，指令含义是将布尔变量 b 赋值为"true"，"1"的意义在此就是"true"。如图 16-17 所示。

同理，再建构一个名称为"暂停"的按钮，在其脚本输入框中输入"赋值（b，0）"，指令含义是将布尔变量 b 赋值为"false"，"0"的意义在此就是"false"。如图 16-18 所示。

图 16-17　　　　　　　　　　　　图 16-18

为了美观，可隐藏复选框 b，解除两个按钮的屏幕锁定，将它们移至合适的位置，这两个按钮就可以正常控制 E 点的动画了。如图 16-19 所示。

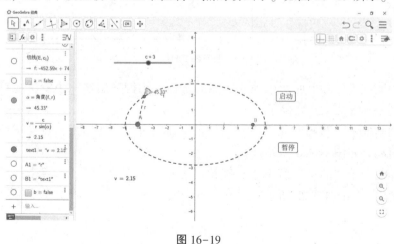

图 16-19

16.2.4 设置"启动"与"暂停"双功能按钮

用一个按钮控制"启动"与"暂停"会更加方便。点击一下启动动画，再点击一下动画暂停。先创建一个空白按钮，如图 16-20 中的"button5"。

因为每次点击都会进行"true"和"false"的转换，所以在按钮指令输入栏输入的第一条指令应该是赋值指令。若还是利用上述的布尔变量 b，则应输入"赋值（b,!b）"。

赋值后若 $b=$true，则执行 E 点的动画。所以输入的第二条指令为条件指令"启动动画（E,b）"。

若动画在运行状态，按钮应显示"暂停"，反之则应显示"启动"。可以使用标题设置指令和判断指令实现。输入第三条指令"设置标题（button5, if (b,"暂停","启动"))"。如图 16-20 所示。

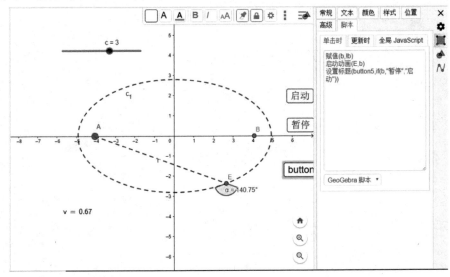

图 16-20

隐藏或者删除上面两个独立功能的按钮，刚创建的这一个双功能按钮就能控制动画的启动与暂停了。

动画处于"暂停"状态下，按钮的名称显示为"启动"，点击按钮，动画将启动。如图 16-21 所示。

动画处于"启动"状态下，按钮的名称显示为"暂停"，点击按钮，动画将暂停。如图 16-22 所示。

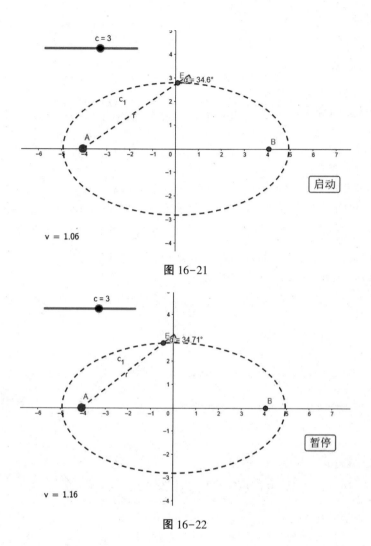

图 16-21

图 16-22

第 17 章 列表工具的简单应用

"列表"类似于数学中的集合,内含若干个元素。在列表中的元素可以重复,含有相同元素的列表,若顺序不同则列表不相等。如建立 *l*1,*l*2,*l*3 三个列表,利用测量工具中的关系判断 "图" 功能,选择 *l*2 和 *l*3 判断结果为不等,选择 *l*1 和 *l*2 判断结果为相等。如图 17-1、图 17-2 所示。

图 17-1

图 17-2

列表的功能非常多,若需要详细了解则可点击坐标系左下角的软键盘图标 "⌨",再点击软键盘上部的 "⋯" 图标,在指令帮助中找到 "列表" 栏,在 "列表" 栏的下拉菜单中就可以看到 "列表" 提供的各种功能与使用规则。如图 17-3 所示。

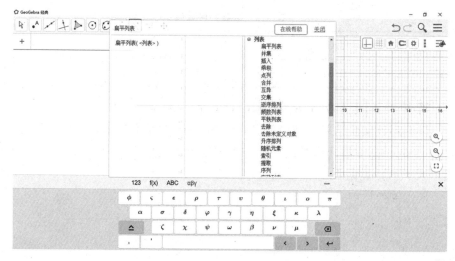

图 17-3

在本章主要学习如何建立列表以及利用列表处理实验数据。

17.1 利用列表功能处理实验数据

例题：某同学利用如图 17-4 所示的实验装置验证机械能守恒定律，弧形轨道末端水平，离地面的高度为 H，将钢球从轨道的不同高度 h 处静止释放，钢球的落点距轨道末端的水平距离为 s。

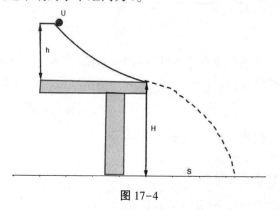

图 17-4

（1）若轨道完全光滑，s^2 与 h 的理论关系应满足 $s^2 = $ _____（用 H、h 表示）

（2）该同学经实验测量得到一组数据，如表 7-1 所示。

表 7-1　实验测得数据

h（$10^{-1}m$）	2.00	3.00	4.00	5.00	6.00
s^2（$10^{-1}m$）^{2}	2.62	3.89	5.20	6.53	7.78

请在坐标纸上作出 s^2-h 关系图。

（3）对比实验结果与理论计算得到的 s^2-h 关系图线（图 17-5 中已画出），自同一高度静止释放的钢球，水平抛出的速率_____（填"小于"或"大于"）理论图。

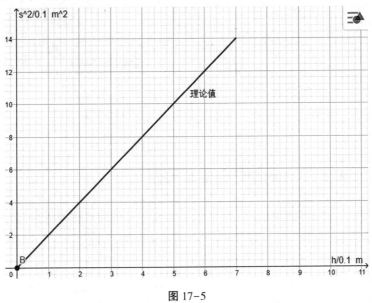

图 17-5

（4）从 s^2-h 关系图线中分析得出水平抛出的速率差十分显著，你认为造成上述偏差的可能原因是_____。由实验数据可得 H 大小等于_____m。

17.1.1 建立列表

17.1.1.1 物理理论分析

以小球为研究对象，落地之前其机械能守恒。

小球在轨道上运动过程中，根据机械能守恒定律：

$$mgh = mv^2/2 \qquad\qquad (1)$$

离开轨道到落地前，小球做平抛运动：

$$水平方向\ s = vt \qquad\qquad (2)$$

$$\text{竖直方向} \quad H=gt^2/2 \qquad\qquad (3)$$

由上述（1）（2）（3）三式可得：$s^2=4Hh$。

17.1.1.2 建立 s^2-h 坐标系

根据已知题设条件，设置坐标系的坐标轴单位，并将"x 轴：y 轴"比例设置为"1：2"。如图 17-6 所示。

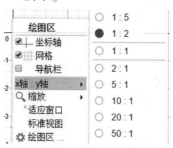

图 17-6

17.1.1.3 建构实验数据的列表

方法一：直接在代数输入区输入"$l=\{$（2.00，2.62），（3.00，3.89），（4.00，5.20），（5.00，6.53），（6.00，7.78）$\}$"，建构列表 l。点击 l 前的小圆圈，在坐标系中就会显示列表中元素对应的坐标点。如图 17-7 所示。

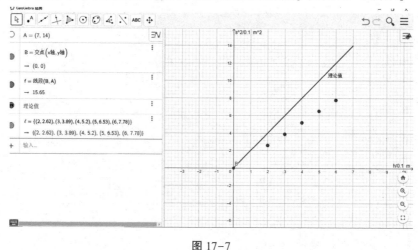

图 17-7

方法二：先在坐标系中建构数据点，然后用这些数据点建构一个列表。

在代数输入区分别输入 5 个实验数据点的坐标，建构 5 个几何点。如图 17-8 中的 C、D、E、F、G。因为建构的坐标系是 s^2-h 图像，所以坐标输入的格式为（h，s^2），依次将 5 组数据输入即可。

选择测量工具中的列表"⬚"功能,然后用鼠标右键框选 C、D、E、F、G 五个点就能建构一个列表,或者在代数输入区输入"l1 = {C, D, E, F, G}",建构列表 $l1$。如图 17-8 所示。

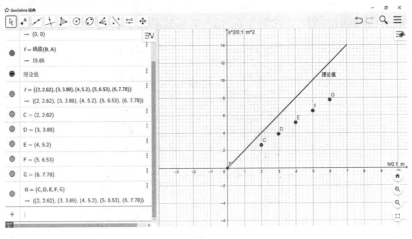

图 17-8

17.1.2 根据实验数据作图

方法一:在代数输入区输入"拟合直线 Y (1)"或者"拟合直线 X (1)"即可完成作图。如图 17-9 所示。

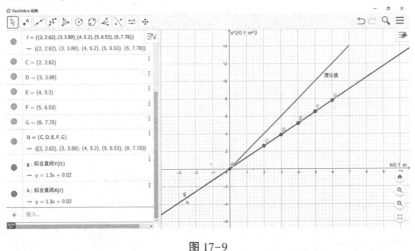

图 17-9

方法二:选择最佳直线拟合"⬚"功能,按住鼠标右键,框选 C、D、E、F、G 五个数据点,同样可以完成作图。

将实验数据所作图像与理论值图像对比可知,小球在相同的下落高度 h

的情况下，平抛运动的水平位移 s 的实验值比理论值要小。

根据平抛运动的规律，说明小球离开轨道末端的速度比理论值小，必须考虑摩擦阻力等因素的影响。

17.1.3　求解轨道末端与落地点的高度差 H

根据图像的函数关系 $s^2 = 4Hh$，得函数图像的斜率为 $4H$。

选择测量工具中的斜率测量"⬜"功能，点击根据实验数据所得的图像，得到图像的斜率 $m = 1.3$。

在代数输入区输入"H=m/4"，得到 $H = 0.32$ 米。如图 17-10 所示。

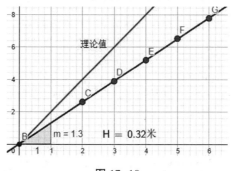

图 17-10

在第 11 章中，我们讨论了如何利用表格功能记录实验数据并进行处理，通过本章的学习我们知道，利用列表直接进行实验数据的处理也是可以的。

列表也能像表格一样进行数据计算，每个列表都是其他列表的元素。

比如我们获得一个物体受力的列表，求解对应的加速度。列表 F 为物体的受力情况，假设物体的质量为 4 千克，在代数输入区输入"a=F/4"即可得到对应的物体的加速度 a 的列表。如图 17-11 所示。

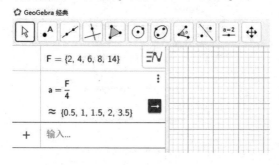

图 17-11

17.2 列表计算的简单应用

列表工具既可以进行逻辑运算，也可进行数据运算。下面我们用一道例题学习数据运算。

例题：利用打点计时器测量匀加速运动小车的加速度。在记录小车运动信息的纸带上取了 7 个计数点，相邻的两个计数点之间还有 4 个计时点没有画出。交流电电源的频率为 50Hz。如图 17-12 所示。

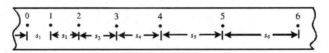

图 17-12

测得 $s_1 = 1.40$cm，$s_2 = 1.90$cm，$s_3 = 2.38$cm，$s_4 = 2.88$cm，$s_5 = 3.39$cm，$s_6 = 3.87$cm。

试用逐差法求解该小车的加速度。

17.2.1 数值的平均值运算

在代数输入区分别输入 "s1 = 1.40" "s2 = 1.90" "s3 = 2.38" "s4 = 2.88" "s5 = 3.39" "s6 = 3.87" "T = 0.1"，系统就会相应定义 7 个变量，并给每个变量设置了一个滑动条。如图 17-13 所示。

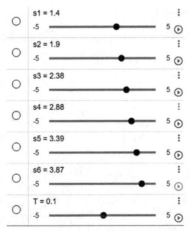

图 17-13

这里的滑动条很有意义。若用纸带连续六段相等时间内的位移，采用逐差法测算加速度，这个模型就是一个通用的数据处理模型，只要调整 7 个变量的大小就可处理此类实验。

在代数输入区输入"l = {s1, s2, s3, s4, s5, s6}"，建构一个位移的列表l。

在代数输入区输入"a = {（s6-s3）/（3T^（2）），（s5-s2）/（3T^（2）），（s4-s1）/（3T^（2））}"，得到加速度的列表a。

在代数输入区输入"平均数（a）"，得到小车加速度 a 的平均值为 49.56cm/s^2。

输入过程如图 17-14 所示。

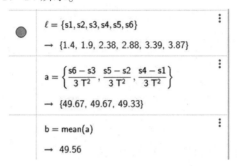

图 17-14

处理这组实验数据用 GeoGebra 的表格功能区也很方便。

17.2.2 列表中的最大值与最小值

利用最大值与最小值指令获得。如在上述的加速度 a 的列表中，提取列表中的最大值与最小值。

在代数输入区输入"最大值（a）"，可以得到列表 a 中元素的最大值。在代数输入区中输入"最小值（a）"可以得到列表 a 中元素的最小值。如图 17-15 所示。

l = {s1, s2, s3, s4, s5, s6}
→ {1.4, 1.9, 2.38, 2.88, 3.39, 3.87}

$a = \left\{ \dfrac{s6 - s3}{3\,T^2}, \dfrac{s5 - s2}{3\,T^2}, \dfrac{s4 - s1}{3\,T^2} \right\}$
→ {49.67, 49.67, 49.33}

b = mean(a)
→ 49.56

c = 最大值(a)
→ 49.67

d = 最小值(a)
→ 49.33

图 17-15

17.2.3 列表元素的增减与提取

17.2.3.1 在列表中插入新的元素

GeoGebra 的列表元素可以是不同的类型，既可以是数，也可以是形，也可以是函数表达式，试着把一个函数插入一个数集列表里。

如上所述，继续利用例题中加速度的列表 a，如图 17-16 所示。把一个元素插入该列表中。

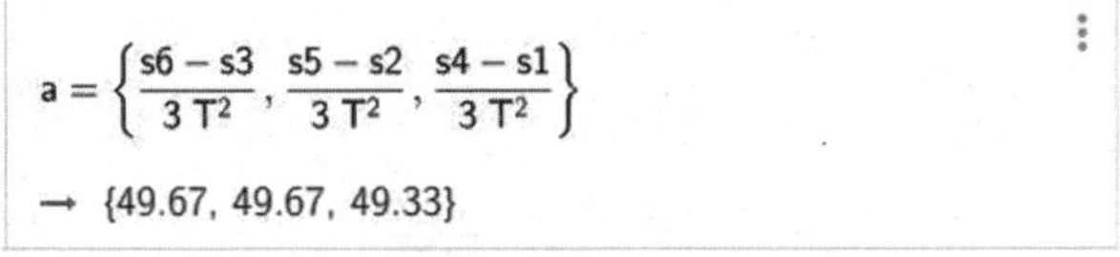

$$a = \left\{\frac{s6-s3}{3\,T^2},\ \frac{s5-s2}{3\,T^2},\ \frac{s4-s1}{3\,T^2}\right\}$$
$$\rightarrow \{49.67,\ 49.67,\ 49.33\}$$

图 17-16

在坐标系中建立一个函数：在代数输入区输入"x^2"，系统构建了函数 $f(x)=x^2$ 并将呈现在绘图区中的该函数的图像命名为 f。

在代数输入区中输入"插入（f, a, 2）"，指令的含义是将元素 f 插入到列表 a 中，f 元素的位置在 a 列表中排序为第二。

这样就得到了插入了新元素的列表 $l1$，如图 17-17 所示。

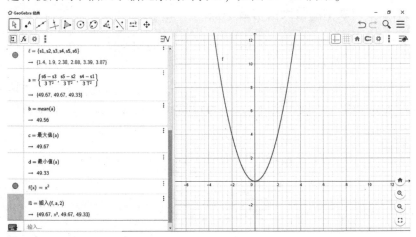

图 17-17

17.2.3.2 去除列表中的相同元素

采用"互异"指令可以将列表中相同的元素去除，如加速度 a 的列表中有三个元素：$a = \{49.67,\ 49.67,\ 49.33\}$。

在代数输入区中输入"互异（a）"，得到新的列表 $l2 = \{46.97,\ 49.33\}$。在 $l2$ 中去除了一个重复的元素 46.97。

17.2.3.3 选取列表中指定位置的元素

如加速度 a 的列表中有三个元素：$a = \{49.67, 49.67, 49.33\}$。

在代数输入区输入"元素（a, 3）"，指令的含义是提取加速度列表 a 中的第三个元素，得到如图 17-18 所示的结果。

```
e = 元素(a, 3)

→  49.33
```

图 17-18

17.2.3.4 提取列表中的元素构建子列表

指令的格式是"提取（〈列表〉，起始位置，终止位置)"。

例如上述例题中小车的位移列表：$l = \{1.40, 1.90, 2.38, 2.88, 3.39, 3.87\}$。提取该列表的后三个元素构成一个新列表。

在代数输入区输入"提取（l, 4, 6）"，指令含义是提取 l 列表中第四到第六个元素构成新列表。如图 17-19 所示的 l3 即为所求。

```
l3 = 提取(ℓ, 4, 6)

→  {2.88, 3.39, 3.87}
```

图 17-19

再例如，提取列表 $l = \{1.40, 1.90, 2.38, 2.88, 3.39, 3.87\}$ 中的第一、第三、第五个元素构成一个新列表。

可在代数输入区输入"{元素 (l, 1)，元素 (l, 3)，元素 (l, 5)}"，就可以得到列表 l 中序号为 1，3，5 的元素构成的新列表 l4，结果如图 17-20 所示。

```
l4 = {元素(ℓ, 1), 元素(ℓ, 3), 元素(ℓ, 5)}

→  {1.4, 2.38, 3.39}
```

图 17-20

17.2.4 列表的"下拉菜单"功能

在列表对象的设置菜单中，GeoGebra 提供了是否显示下拉菜单的设置。

若勾选了"显示下拉列表"，就可以在绘图区建构一个下拉菜单，在下拉菜单中可以查看该列表含有的各个元素。

仍然选择小车的位移列表作为研究对象：$l=\{1.40，1.90，2.38，2.88，3.39，3.87\}$。点击代数输入区中"$l$"列表右上角"⋮"符号进入列表 l 的设置菜单。如图 17-21 所示。

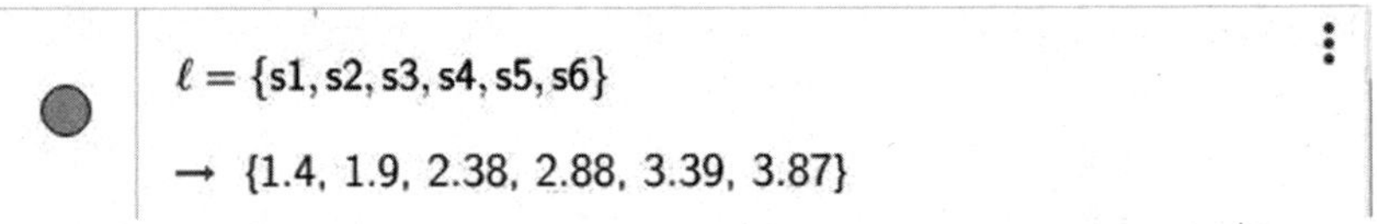

$\ell = \{s1, s2, s3, s4, s5, s6\}$

$\rightarrow \{1.4, 1.9, 2.38, 2.88, 3.39, 3.87\}$

图 17-21

勾选"显示下拉列表"，在标题栏起个名字，如"l 列表"。系统就会在绘图区中建构一个名称为"l 列表"的下拉菜单，在下拉菜单中可以直接看到该列表包含的所有元素。如图 17-22 所示。

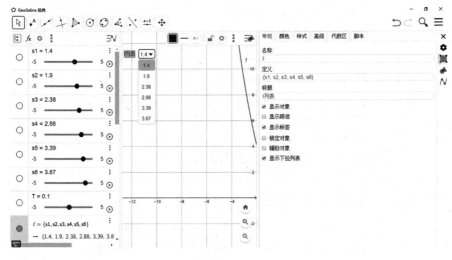

图 17-22

下拉列表也是一个几何对象，可以进行属性设置，也可以写入 GeoGebra 的指令对其他对象进行控制，后面在关于对象颜色设置的章节中会讨论下拉列表的控制功能。

第 18 章　序列功能的简单应用

序列在代数区表现一个由满足一定数学关系的元素构成的列表，在绘图区表现为与数学关系对应的图形。序列的功能非常强大，在物理学习与应用中的作用非常突出。

18.1 学习建构简单的序列

首先看一下"序列"指令的使用规格。

在代数输入区输入"序列"，即可弹出该指令的使用规则提示。如图 18-1 所示。

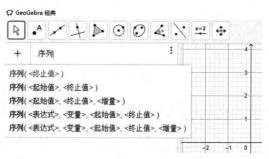

图 18-1

18.1.1 序列指令的基本用法说明

18.1.1.1 序列（终止值）

在代数输入区输入"序列（10）"，系统将默认为要建构一个列表，从整数 1 开始，每次增加 1，直到增加到 10，运行结果如图 18-2 所示。

序列(10)

→ {1,2,3,4,5,6,7,8,9,10}

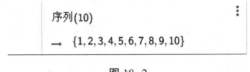

图 18-2

18.1.1.2 序列（起始值，终止值）

在代数输入区输入“序列（3,6）”，系统将默认为要建构一个列表，从整数 3 开始，每次增加 1，直到增加到 6。运行结果如图 18-3 所示。

l1 = 序列(3,6)

→ {3, 4, 5, 6}

图 18-3

18.1.1.3 序列（起始值，终止值，增量）

在代数输入区输入“序列（3,6,0.5）”，系统将默认为要建构一个列表，从整数 3 开始，每次增加 0.5，直到增加到 6。运行结果如图 18-4 所示。

l1 = 序列(3,6,0.5)

→ {3, 3.5, 4, 4.5, 5, 5.5, 6}

图 18-4

18.1.1.4 序列（表达式，变量，起始值，终止值）

在代数输入区输入“序列（(2n−1),n,1,5）”，指令含义是构建一个奇数列表，n 从 1 取值到 5，默认每次增加 1。即该列表是由 $n=1$，$n=2$，$n=3$，$n=4$，$n=5$ 时，（$2n-1$）的结果构成的数集。如图 18-5 所示。

序列((2n − 1),n,1,5)

→ {1,3,5,7,9}

图 18-5

18.1.1.5 序列（表达式，变量，起始值，终止值，增量）

不指定增量，系统默认增量为 1，指定了增量则每次按照指定的增量增加。

在代数输入区输入“序列（(2n−1),n,1,5,0.5）”，指令含义是构建一个列表，n 从 1 取值到 5，每次增加 0.5。即该列表是由 $n=1$，$n=1.5$，$n=2$，$n=2.5$，$n=3$，$n=3.5$，$n=4$，$n=4.5$，$n=5$ 时，$(2n-1)$ 的结果构成的数集。结果如图 18-6 所示。

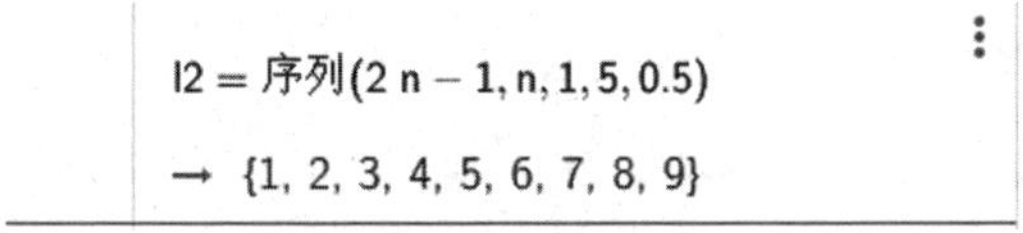

$$l2 = 序列(2\,n - 1, n, 1, 5, 0.5)$$
$$\rightarrow \{1, 2, 3, 4, 5, 6, 7, 8, 9\}$$

图 18-6

18.1.2 利用序列功能作图

通过前面的学习，我们已经学会了用序列功能建构列表的一般规则，序列功能不但可以建构列表，还能呈现几何对象的数、形关系。

18.1.2.1 画点

在代数输入区输入"序列（$(n, n\hat{}2)$, n, 0, 5, 0.5）"。指令含义是构建点的集合（n，n^2），横坐标 $x=n$，纵坐标 $y=n^2$。n 是个变量，变化范围为 0～5，从 0 开始每次增加 0.5。所以系统在坐标系中一共构建了 10 个点，如图 18-7 所示。

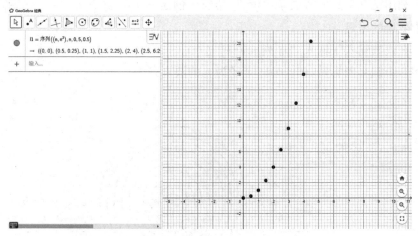

图 18-7

18.1.2.2 画线

如在代数输入区输入"序列（线段（$(n, 0)$，(n, n)），n, 0, 5, 1）"，指令含义是线段的起点坐标是（n，0），终点坐标是（n，n）的一系列线段构成一个列表。

n 是变量，变化范围是 $0\sim5$，每次变化 n 增加 1，得到的结果如图 18-8 所示。

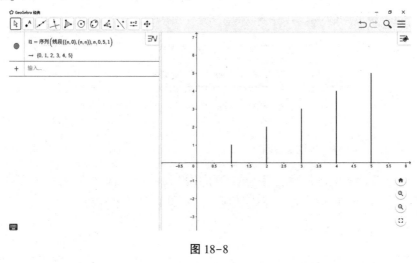

图 18-8

18.1.2.3 画形

以画圆为例，并将变量的增量设置为动态可调。

利用交互工具的滑动条"⬚"功能，创建一个滑动条 a，可用它控制序列中变量的增量。

在代数输入区输入"序列（圆周（$(0,0)$，n），n，0，10，a）"，指令含义是建构一个圆心坐标是（0，0）、半径为 n 的圆周列表。

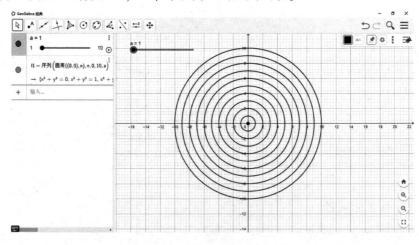

图 18-9

n 是个变量，变化范围为 $0\sim10$。n 的增量设置为用滑动条 a 控制，即 n

的增量设置为动态可调。结果如图 18-9 所示。

通过滑动条改变增量 a 的大小，可以控制相邻圆周之间的半径差值。如图 18-10 是 $a=2$ 的列表图示，如图 18-11 是 $a=5$ 的列表图示。

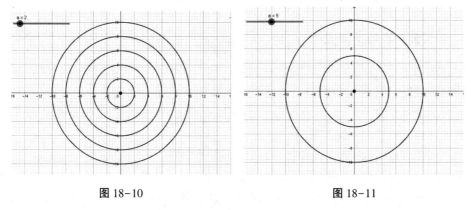

图 18-10   图 18-11

18.1.3 序列指令的嵌套

若数学函数关系的变量不止一个，就可以用序列指令的嵌套来实现数形关系的呈现。还是以画圆为例。

在代数输入区输入"序列（序列（圆周（(i, j)，1），i，1，11，2），j，1，11，2）"。

指令的含义是建构一个圆周序列，圆心的坐标为 (i, j)。圆心的横坐标 i 是个变量，变化范围为 $1 \sim 11$，每次变化增量为 2。圆心的纵坐标 j 也是个变量，变化范围为 $1 \sim 11$，每次增量为 2。运行结果如图 18-12 所示。

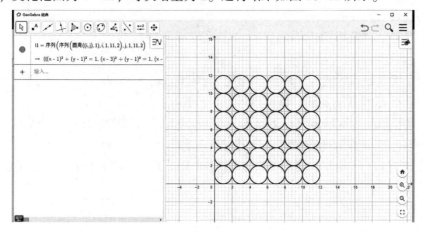

图 18-12

18.2 序列功能应用示例 1——以机械波的干涉为例

18.2.1 波的干涉图样

两列振动情况完全相同的波在相遇时叠加，某些区域振动加强，某些区域振动减弱，且振动加强与振动减弱的区域相互间隔，这就是波的干涉现象。由波的干涉形成的、能反映振动加强和减弱区域分布的图样称为波的干涉图样。

在代数输入区建构两组圆的序列，一组为实线，表示波峰，一组为虚线，表示波谷，两组圆序列表示一列波。

在代数输入区建构三个滑动条。滑动条 m 和 n 控制两个波源在 x 轴上的位置，如 m 滑动条的变化区间设置为 $0 \sim 10$，滑动条 n 的变化区间设置为 $-10 \sim 0$。滑动条 λ 表示机械波的波长，变化区间可设置为 $0 \sim 5$。

在代数输入区输入"序列（圆周（$(n,0),a),a,0,20,\lambda$)"，得到一个列表 $l1$。指令的含义是建构一组圆序列，圆心的坐标是 $(n,0)$，半径大小为 a。半径 a 是变量，从 0 增大到 20，增量大小为 λ。将 $l1$ 设置为实线。该圆周列表表示波峰。

在代数输入区输入"序列（圆周（$(n,0),a),a,0,20,\lambda/2$)"，得到一个列表 $l2$。指令的含义是建构一组圆序列，圆心的坐标是 $(n,0)$，半径大小为 a。半径 a 是变量，从 0 增大到 20，增量大小为 $\lambda/2$。将 $l2$ 设置为虚线，该圆周列表表示波谷。

同理，再建构两组圆的序列，表示与第一列振动情况完全相同的另一列波。

在代数输入区输入"序列（圆周（$(m,0),a),a,0,20,\lambda$)"，得到一个列表 $l3$。将 $l3$ 设置为实线，该圆周列表表示波峰。

在代数输入区输入"序列（圆周（$(m,0),a),a,0,20,\lambda/2$)"，得到一个列表 $l4$。将 $l4$ 设置为虚线，该圆周列表表示波谷。

如图 18-13 所示，得到了一个两列相干波源在 x 轴上位置可调，波长可调的干涉图样模型。

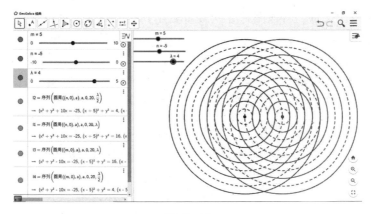

图 18-13

波的叠加运算是矢量运算。由上图可知实线与实线的交点是振动加强的位置，虚线与虚线的交点是振动加强的位置，实线与虚线的交点是振动减弱的位置。

18.2.2 振动加强与振动减弱区域的确定

在上图所作出的波的干涉图样中可以判断振动加强与减弱的位置，但是对于振动加强与减弱区域的分布特点并没有很好地呈现出来，比如振动加强与减弱的区域相互间隔无法直接看出。

18.2.2.1 简单的做法——截取干涉图样后，将振动加强与减弱点进行连线

虽然这种做法比较简单，但是更符合教学与认知规律，所以这是优选的一种做法。

点击菜单栏，选择"导出图片"。如图 18-14 所示。

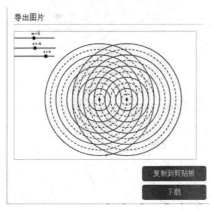

图 18-14

新建一个文件，将该图片导入或者粘贴到新文件中，锁定该对象以防止错位。如图 18-15 所示。

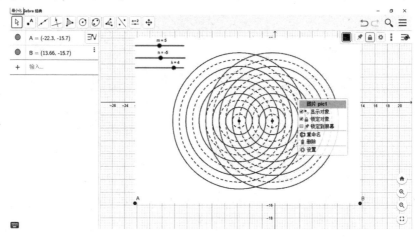

图 18-15

将振动加强的点用蓝色的点标注，振动减弱的点用红色的点标注，就可以看出振动加强与振动减弱的区域相互间隔了。如果用曲线将它们连接起来，结论会更加直观。如图 18-16 所示。

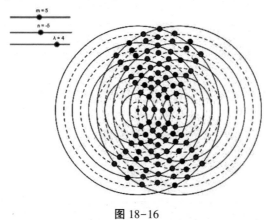

图 18-16

18.2.2.2 隐式曲线方程——用二元方程作图

在代数输入区输入关于 x，y 的二元方程，系统就可以作出符合 x，y 要求的图像。

根据干涉现象的规律，振动情况完全相同的两列波叠加，若空间某位置到两波源的波程差为半波长的偶数倍，则该位置振动加强，若空间某位置到两波源的波程差为半波长的奇数倍，则该位置振动减弱。

设空间某位置坐标为 (x, y)，波源 1 的坐标为 $(n, 0)$，波源 2 的坐标为 $(m, 0)$。所以波程差绝对值的表达式为：$\Delta s = |\,((x-n)^2 + (y-0)^2)^{1/2} - ((x-m)^2 + (y-0)^2)^{1/2}\,|$。

在代数输入区输入"序列（abs（sqrt（(x-m)^2+y^2)-sqrt（(x-n)^2+y^2)）= k * λ, k, 0, 3）"得到列表 l5。系统会作出满足波程差为 0，λ，2λ，3λ 的关于 x、y 的函数图像。图像表示的是振动加强的区域。

在代数输入区输入"序列（abs（sqrt（(x-m)^2+y^2)-sqrt（(x-n)^2+y^2)）=（2k+1）* λ/2, k, 0, 3）"得到列表 l6。系统会作出满足波程差为 $\lambda/2$，$3\lambda/2$，$5\lambda/2$，$7\lambda/2$ 的关于 x、y 的函数图像。将 l6 设置为虚线，图像表示的是振动减弱的区域。如图 18-17 所示。

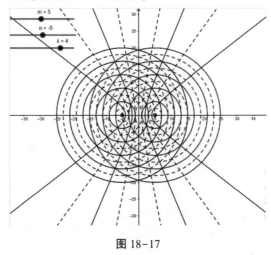

图 18-17

由图像可知，振动情况完全相同的两列波叠加，存在稳定的振动加强与振动减弱的区域，且振动加强与振动减弱的区域相互间隔。通过滑动条改变机械波的波长与波源的位置，结论不变。

18.3 序列功能应用示例 2——以点电荷的电场线与等势线为例

18.3.1 孤立点电荷 Q 的电场线

以正点电荷为例。其电场线是以点电荷为中心、均匀向各个方向发散的有向射线。电场线的疏密表示电场强度的大小。

根据库仑定律 $F = KQq/r^2$ 和电场强度的定义 $E = F/q$，可以得到点电荷场强的决定式：$E = KQ/r^2$，Q 为场源电荷。由 $E = KQ/r^2$ 可知，若研究的孤立的点

电荷的电量为 Q，r 相等处，E 大小相等。

孤立点电荷的各条电场线应该是以 Q 为中心，将 360° 角均分的射线组。

在坐标系的坐标原点构建一个点表示研究对象 Q，如 A 点，以 A 点为起点，沿着 x 轴的方向构建一个矢量线段 u，表示 Q 的一条电场线。如图 18-18。

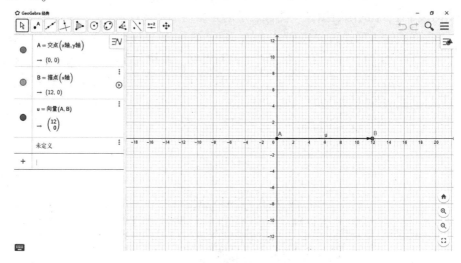

图 18-18

在代数输入区输入"序列（旋转（u, n * pi/6），n, 1, 12）"。利用序列功能，通过矢量旋转建构一个矢量列表 $l1$。如图 18-19 所示，矢量列表 $l1$ 表示点电荷 Q 的电场线，通过移动 B 点可以调节电场线的长度。

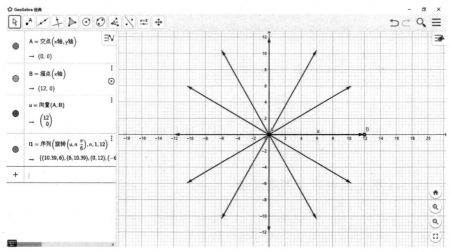

图 18-19

18.3.2 孤立点电荷 Q 的等势线——以正点电荷为例

取无穷远处的电势为零。根据库仑定律与电势的定义，点电荷 Q 在距离其为 r 处的电势大小为：$u = kQ/r$。k 为静电力常数，Q 为该场源电荷的电量大小。

在画电场线的时候把点电荷放在了坐标原点，它的坐标为 $(0, 0)$。因为等势线序列计算量比较大，所以最好也是把点电荷放在坐标原点，降低对电脑的计算要求。

若空间某位置的坐标为 (x, y)，由数学关系可知，它到在坐标原点的点电荷的距离：$r = (x^2 + y^2)^{1/2}$，r 即可确定。静电力常量：$k = 9 \times 10^9 \mathrm{N \cdot m^2/C^2}$。

电量 Q 可以设置一个滑动条进行调节，简单起见，取：$Q = 1 \times 10^{-9} \mathrm{C}$。

用序列功能画孤立点电荷的等势线，操作步骤如下：

在上述点电荷电场线作图的基础上，在代数输入区继续输入 "$k = 9 * 10\char`\^9$" "$Q = 1 * 10\char`\^{-9}$"，即创建静电力常量 k 和点电荷的电量 Q。

建构滑动条 U，表示相邻等势线之间的电势差。

在代数输入区输入 "序列（$kQ/\mathrm{sqrt}\,(x^2 + y^2) = m * u, m, 1, 10, 1$）"，指令含义是绘制电势等于 $u \sim 10u$ 的 10 条等势线，相邻等势线之间的电势差为 u。如图 18-20 所示。

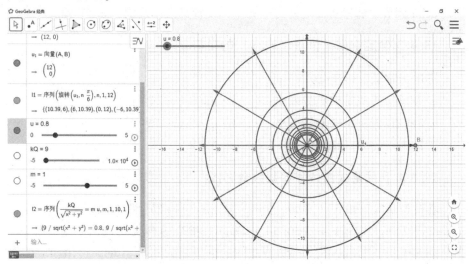

图 18-20

调节 u 的大小，可以改变等势线之间的间距。

18.4 序列功能应用示例3——以多个点电荷电场的等势线为例

电势是标量，电势的叠加是标量叠加。在空间某位置，每个点电荷都会在此处独立决定一个电势，该处总电势为各个点电荷在该处产生电势的代数和，这就是电势叠加原理。

以空间存在两个点电荷为例进行讨论。

18.4.1 建构点电荷

将一个点电荷 1 放在坐标为 (−2, 0) 处，电量为 q_1；将另一个点电荷 2 放在坐标为 (2, 0) 位置处，电量为 q_2。

18.4.2 建立三个滑动条

滑动条 q_1 调节电荷 1 的电量，设置其大小范围：−6～6，代表电量的变化范围为 -6×10^{-9} 到 6×10^{-9} C。

滑动条 q_2 调节电荷 2 的电量，设置其大小范围：−6～6，代表电量的变化范围为 -6×10^{-9} 到 6×10^{-9} C。

delta 调节相邻等势面之间的电势差，设置其大小范围，如 5V 到 25V。

18.4.3 确定空间某位置 (x, y) 的电势 φ

静电力常量：$k = 9\times10^9 \text{N} \cdot \text{m}^2/\text{C}^2$。

q_1 在该位置决定的电势大小：$\varphi_1 = k \cdot q_1/((x+2)^2+y^2)^{1/2}$。

q_2 在该位置决定的电势大小：$\varphi_2 = k \cdot q_2/((x-2)^2+y^2)^{1/2}$。

坐标为 (x, y) 处的总电势大小：$\varphi = \varphi_1 + \varphi_2$。

18.4.4 利用隐式曲线作等势线分布图

在代数输入区输入"序列 (9 * q_ 1/sqrt ((x+2) ^2)+y^2)+9 * q_ 2/sqrt ((x-2) ^2)+y^2) = k, k, −50, 50, delta)"。指令的含义是作出一组电势从−50V 到 50V 的等势线，相邻等势线之间的电势差为 delta。delta 可用相应的滑动条调节大小。

如图 18-21 所示，图像为电荷 1 电量为 4×10^{-9} C，电荷 2 电量为 2×10^{-9} C，等势线电势差 delta 为 10V 时的二维空间等势线分布的图示。

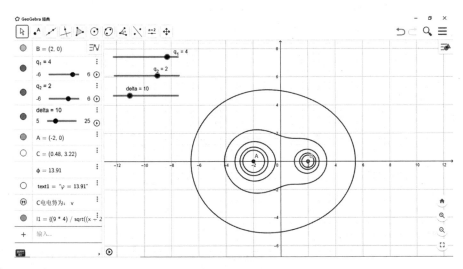

图 18-21

特殊等势线分布图：等量同种电荷。

调节 q_1、q_2 电量滑动条，使 $q_1 = q_2 = 6$。因为两个电荷的电量相等，等势线的空间分布具有对称性。这两个等量同种电荷的电场等势线分布如图 18-22 所示。

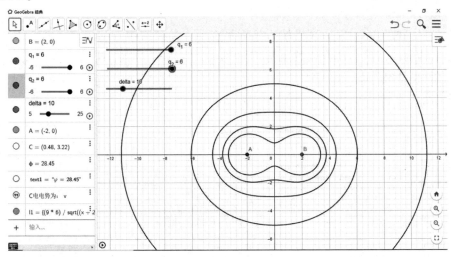

图 18-22

特殊等势线分布图：等量异种电荷。

调节 q_1、q_2 电量滑动条，使 $q_1 = -q_2 = 6$。这两个电荷的电量大小相等，电性相反，系统会作出这两个等量异种电荷的电场的二维空间等势线分布图。如图 18-23 所示。

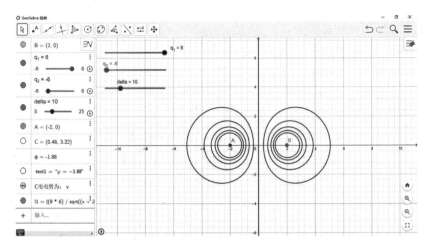

图 18-23

18.4.5 构建电势测量工具点

在电场中构建一个自由点，自由点所在位置的电势由这个自由点来测量。在坐标系中建构一个自由点 C，把 C 点设置为电势测量工具点。

在代数输入区输入 "$\varphi = 9q\_1/\text{sqrt}\ ((\,(x(C)+2)^2+y(C)^2\,) + 9q\_2/\text{sqrt}\ ((\,(x(C)-2)^2+y(C)^2\,)$"。

将刚建构的对象 φ 直接拖入坐标系，形成公式文本。利用文字输入工具输入辅助的字符。C 位置的电势即可测出，移动 C 位置，电势会相应变化。如图 18-24 所示。

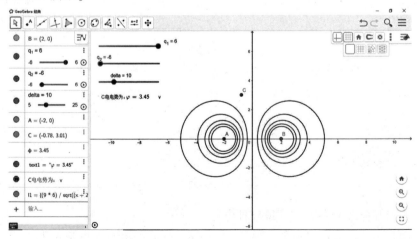

图 18-24

18.4.6 多个点电荷存在的处理方法

物理处理依据：电势叠加原理 $\varphi = \varphi_1 + \varphi_2 + \varphi_3 + \varphi_4 + \cdots$

数学处理方法：$\varphi_n = k \cdot q_n / ((x - x_n)^2 + (y - y_n)^2)^{1/2}$，$\varphi = \sum\limits_1^n \varphi n$。

软件实现方法：使用"序列"指令完成等势线描绘。

有兴趣的读者可以进行尝试，在此就不再占用篇幅继续讨论了。

第19章 仪器刻度线划分的一般方法

测量仪器一般会涉及刻度线的划分与标度，刻度线最小的间隔读数为测量仪器的精度，仍然可以利用序列功能，根据需要划分仪器的刻度线，并可以动态模拟物理测量仪器的使用。在本章要学习直线刻度划分与弧线刻度划分的基本办法。

19.1 直线刻度线的划分与标度

利用"直线刻度线"进行测量的物理仪器中，最典型、最基本的仪器就是刻度尺。下面制作一把刻度尺，通过这个制作过程来学习直线刻度线划分与标度的一般方法。

19.1.1 用刚体多边形构建刻度尺尺身

在代数输入区分别输入"x = 10""y = 2"建构两条辅助线，它们与坐标轴围成一个矩形。

因为尺身形状要求不变，所以采用"多边形"工具中的刚体多边形工具"▷"制作一个刚体矩形。顺时针依次点击 A、B 等四个点形成多边形，系统会自动对其命名。如图 19-1 所示。

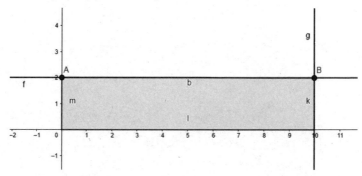

图 19-1

矩形制作好以后，辅助线 f 与 g 可以隐藏或者删除。鼠标左键点击多边形内部，或者点击制作多边形时的第一点 A 并一直按住，这个刚体矩形就可在坐标系内移动了。注意：若是拖动制作多边形时的第二个点 B，尺身会旋转。

将该刚体矩形任意移动到坐标系中的某位置，如图 19-2 所示。

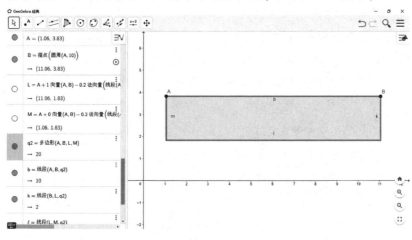

图 19-2

19.1.2　在刻度尺上进行刻度划分

在代数输入区输入"序列（线段（$(t, y(A))$，$(t, y(A)+0.2)$），$t, x(A)$，$x(B), 1$）"，该指令的含义是构建一组线段列表。

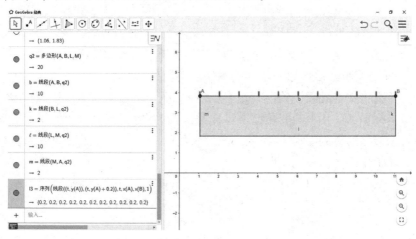

图 19-3

第一条线段的起点是横坐标 $x = x(A)$，纵坐标是 $y = y(A)$，即起点就是 A 点。第一条线段的终点坐标是 $x = x(A)$，纵坐标是 $y = y(A)+0.2$，即终点是在

A 点正上方、据 A 点 0.2 处。

用 t 这个变量控制这组线段起点的横坐标，从 $x(A)$ 开始，每次变化增加 1，直到大小增加到 $x(B)$。

计算结果就是作一组长度为 0.2 的线段，这组线段起点在 AB 线段，与 y 轴平行。如图 19-3 所示。

若把上述的刻度尺精度提高 10 倍，可在代数输入区输入"序列（线段 $((t, y(A)), (t, y(A)+0.1)), t, x(A), x(B), 0.1)$"，指令的含义是在线段 AB 上，从 A 点到 B 点，每隔 0.1 画一条长为 0.1 的线段，线段方向与 y 轴平行。如图 19-4 所示。

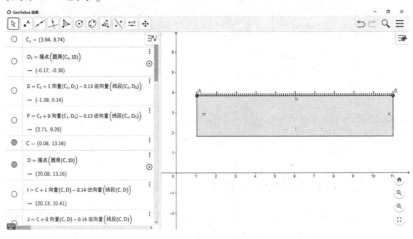

图 19-4

在代数输入区输入"序列（文本（$t-x(A)$，$(t, y(A)+0.3))$）, $t, x(A), x(B))$"，指令的含义是创建一个文本列表，文本从"$t-x(A)$"顺序增加到"$t-x(B)$"，t 是变量，后面忽略增量值则默认增量为 1。

为什么将文本元素设置为"$t-x(A)$"呢？这是因为当刻度尺移动时 A 点的横坐标 $x(A)$ 在不断变化，文本元素设置为"$t-x(A)$"就能保证无论刻度尺怎样移动，刻度尺上第一个数字始终为"0"。为了能够让大家清楚地理解上述指令，下面举例说明：

在代数输入区输入"序列（文本（t，$(t, y(A)+0.3))$）, $t, x(A), x(B))$"，并移动尺子，会发现刻度值在变化。如图 19-5、图 19-6 所示。

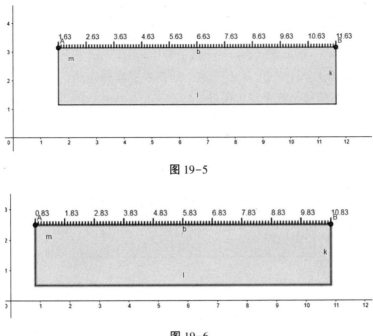

图 19-5

图 19-6

在代数输入区输入"序列（文本（t−x（A），（t，y（A）+0.3）），t，x（A），x（B））"，并移动尺子，可见到无论尺子怎么移动，文本的第一个数字始终为"0"。如图 19-7、图 19-8 所示。

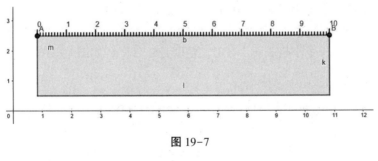

图 19-7

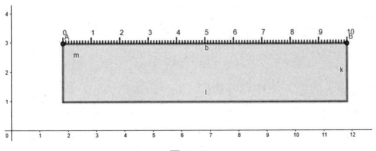

图 19-8

从指定的数字开始对刻度尺进行数字标注，具体如下。

从指令"序列（文本（t−x(A)，(t, y(A)+0.3)），t, x(A), x(B)）"中可知，文本列表中的第一个元素"t−x(A)"数值等于零。

例如要求刻度尺的刻度从 1 开始，则要求文本列表中的第一个元素等于 1，文本列表中的每个数字加 1 即可。

在代数输入区中输入"序列（文本（t−x(A)+1，(t, y(A)+0.3)），t, x(A), x(B)）"，刻度尺图像如图 19-9 所示。

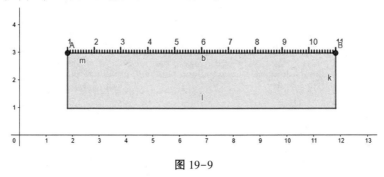

图 19-9

同理，若要求刻度尺标注的数字从 n 开始，则将文本设置为"$t−x(A)+n$"。若想要 n 动态可调，设置一个 n 的滑动条即可。

精度若可调，则根据需要设置 t 的增量即可。如：

在代数输入区输入"序列（线段（(t, y(A))，(t, y(A)+0.1)），t, x(A), x(B), 0.1）"，每个小格表示 10×10^n，精度是 10 分度。

在代数输入区输入"序列（线段（(t, y(A))，(t, y(A)+0.1)），t, x(A), x(B), 0.2）"，每个小格表示 2×10^n，精度是 2 分度。如图 19-10 所示。

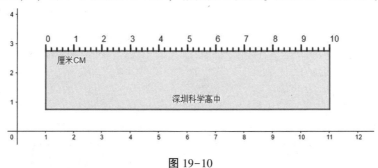

图 19-10

在代数输入区输入"序列（线段（(t, y(A))，(t, y(A)+0.1)），t, x(A), x(B), 0.5）"，每个小格表示 5×10^n，精度是 5 分度。如图 19-11 所示。

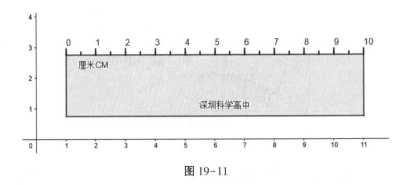

图 19-11

19.1.3 刻度尺的美化

刚体四边形的 A、B 两点在制作刻度尺是重要的两个参考点，刻度尺制作好之后就可以将 A、B 两点隐藏，以免移动刻度尺时发生旋转。

刚体多边形四条边的名称可以隐藏，也可以更改成需要的信息。如图 19-12 所示。

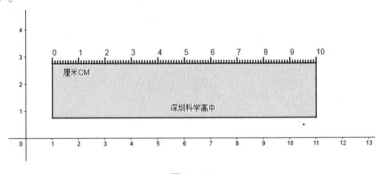

图 19-12

19.2 弧线刻度线的划分与标度

利用"弧线刻度线"进行测量的物理仪器中，最典型的就是机械式电表，如电压表、电流表、多用表等。如图 19-13 所示就是常见的多用表表头刻度盘。本节要用 GeoGebra 制作电表表盘中间的一排刻度线。根据多用表所选功能，这排刻度线均匀分布，可用于测量电压或者电流，下面我们通过制作这排刻度线来学习弧线刻度线划分与标度的一般方法。

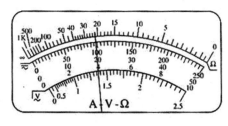

图 19-13

19.2.1 创建一段圆弧

利用 " 圆弧" 工具，画三个点创建一段圆弧。

利用坐标系中的三点可确定一段圆弧，为简单起见，把圆弧的圆心设置在坐标原点，GeoGebra 按照逆时针规则确定圆心角。

如图 19-14，点击坐标原点，设置圆心，如点 A，在第一象限适合位置点击一下，创建圆弧的起点，如点 C。

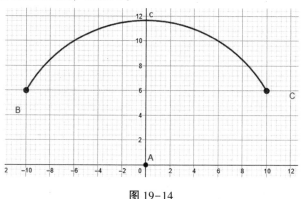

图 19-14

再在第二象限与 A 点差不多对称的位置点击一下鼠标左键，创建圆弧的终点，如点 B。为了美观，可调整 B、C 位置，使它们关于 y 轴对称。

若要求在动态变化过程中 B、C 两点始终关于 y 轴对称，则可利用轴对称 " " 工具确定 B、C 两点。方法前面章节已有介绍，在此不再赘述。

利用线段 " " 工具，创建"零刻度线"与"最大值刻度线"。

如图 19-15，连接点 A、B，得到零刻度线，设置为虚线，如 f。连接点 A、C，得到最大值刻度线，设置为虚线，如 g。为了方便进行角度测量，在 x 轴上再设置两个辅助点，如点 D_1、E。

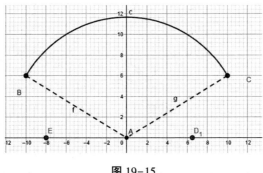

图 19-15

在代数输入区输入指令"半径（c）"，得到表示圆弧半径的变量 a。如图
19-16 所示。

$$a = 半径(c)$$

$$\rightarrow \quad 11.66$$

图 19-16

19.2.2 圆弧划分刻度

19.2.2.1 刻度划分的数学依据——圆的参数方程

$x = r \cdot \cos t \quad y = r \cdot \sin t$

可以利用圆的参数方程确定坐标与角度的对应关系。

19.2.2.2 角度测量

利用角度测量"⊿"工具，测量 $\angle D_1AC$、$\angle CAB$，如图中的 γ 和 α 两个
角，圆弧上半径与 x 轴的夹角从 γ 角增大到（$\alpha+\gamma$）角。如图 19-17 所示。

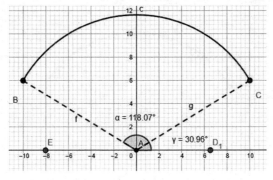

图 19-17

如果能将圆弧所对的圆心角均分，即 α 角均分，就能将圆弧均分，这就

是进行圆弧刻度划分的设计思想。

19.2.2.3 划分刻度

刻度以线段的形式体现，线段的起点应该是在弧线上，且指向圆心。

1. 划分主刻度

在代数输入区输入"序列（线段（（a cos(t)，a sin(t)），（0.95a cos(t)，0.95a sin(t))），t，γ，α+γ，α/5)"，指令的含义是构建一组线段，线段的起点是圆弧上的一点，其起点坐标是（（a cos(t)，a sin(t)，线段的终点坐标是（0.95a cos(t)，0.95a sin(t)）），构建的线段是起于圆弧、指向圆心、长度为 0.05a 的线段。圆弧上的点就是圆弧圆心角 α 的 5 等分点。如图 19-18 所示。

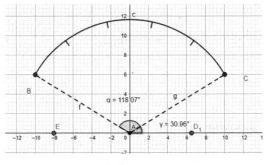

图 19-18

2. 划分副刻度

"序列（线段（（a cos(t)，a sin(t)），（0.98a cos(t)，0.98a sin(t)）），t，γ，α+γ，α/50)"指令的含义是构建一组线段。线段的起点坐标是圆弧上的一点（（a cos(t)，a sin(t))，线段的终点坐标是（0.98a cos(t)，0.98a sin(t)）），构建的线段是起于圆弧、指向圆心、长度为 0.02a 的线段，圆弧上的点是圆弧圆心角 α 的 50 等分点。如图 19-19 所示。

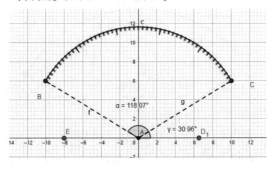

图 19-19

19.2.3 标度设置

在代数输入区输入"序列（文本（250(-t+α+γ)/α，（0.90a cos(t)，0.90a sin(t))))，t，α+γ，γ，（-α)/5)"，指令含义是半径与 x 轴的夹角从 $α+γ$，减小到 $γ$，t 为变量。每次变化减小 $α/5$，即每 $α/5$ 标注一个刻度。标注的刻度为 $250×(-t+α+γ)/α$，即（$-t+α+γ$）是 $α/5$ 的倍数乘以 50。如图 19-20 所示。

注意标度位置的坐标设置。

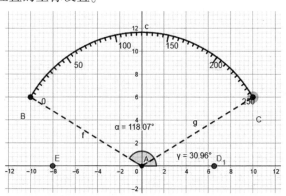

图 19-20

在代数输入区输入"序列（文本（50 (-t+α+γ)/α，（0.80a cos(t)，0.80a sin(t))))，t，α+γ，γ，（-α)/5)"，指令含义是半径与 x 轴的夹角从 $α+γ$，减小到 $γ$，t 为变量。每次变化减小 $α/5$，即每 $α/5$ 标注一个刻度。标注的刻度为 $50×(-t+α+γ)/α$，即（$-t+α+γ$）是 $α/5$ 的倍数乘以 10。如图 19-21 所示。

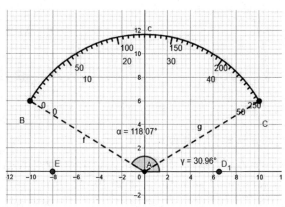

图 19-21

19.2.4 表盘刻度的美化与功能扩展

隐藏坐标系与网格线。

隐藏辅助点及各个辅助对象的标签。如图 19-22 所示。

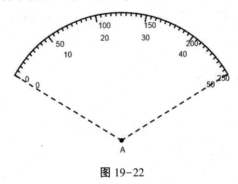

图 19-22

功能扩展示例：

1. 量角器

将圆弧的圆心角调整到 180，即为量角器。

在代数输入区输入"序列（文本（180（$-t+\alpha+\gamma$）/α，（0.90a cos(t)，0.90a sin(t)）），t，$\alpha+\gamma$，γ，（$-\alpha$）/5）"，指令含义是半径与 x 轴的夹角从 $\alpha+\gamma$，减小到 γ，t 为变量。每次变化减小 $\alpha/5$，即每 $\alpha/5$ 标注一个刻度。标注的刻度为 180×（$-t+\alpha+\gamma$）/α，即（$-t+\alpha+\gamma$）是 $\alpha/5$ 的倍数乘以 180。如图 19-23 所示。

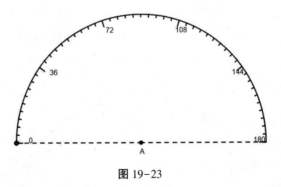

图 19-23

2. 圆弧的圆心角调整到 360 度

在代数输入区输入"序列（文本（360（$-t+\alpha+\gamma$）/α，（0.90a cos(t)，0.90a sin(t)）），t，$\alpha+\gamma$，γ，（$-\alpha$）/5）"。如图 19-24 所示。

若刻度不符合常规，可以调整 α 的增量，如$-\alpha/5$ 调整到$-\alpha/4$。在代数输入区输入"序列（文本（360（$-t+\alpha+\gamma$）/α，（0.90a cos(t)，0.90a sin(t)））， t，α+γ，γ，（-α）/4）"，运行结果如图 19-25 所示。

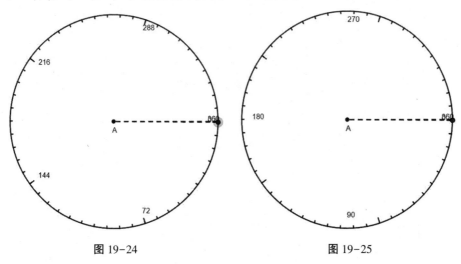

图 19-24　　　　　　　　　　　　　图 19-25

19.2.5 在坐标系中任意位置建构可移动的弧线刻度

若弧线的圆心设置在坐标原点，系统会默认为圆心是 x 轴与 y 轴的交点，所以圆心不能随意移动。下面建构一个能够随意移动的弧线刻度。

在坐标系中合适的位置构建一个圆弧，为了方便测量角度，过圆心 D 做一条与 x 轴平行的辅助线。完成之后再把这条辅助线隐藏。

设该圆弧的半径为 a，圆的参数方程：

$x=r \cdot \cos t+x(D)$

$y=r \cdot \sin t+y(D)$

$x(D)$ 与 $y(D)$ 的含义是调取 D 点的横坐标与纵坐标的数值。

刻度划分与标度设置方法：

在代数输入区输入以下指令，因为程序设计的思想不变，就不再做详细解释了。

"序列（线段（（a cos(t)+x(D)，a sin(t)+y(D)），（0.95a cos(t)+x(D)，0.95a sin(t)+y(D))），t，δ，δ+ε，ε/5）"，划分主刻度。

"序列（线段（（a cos(t)+x(D)，a sin(t)+y(D)），（0.98a cos(t)+x(D)，0.98a sin(t)+y(D))），t，δ，δ+ε，ε/50）"。划分副刻度。

"序列（文本（250（-t+ε+δ）/ε，（0.9a cos(t)+x(D)，0.9a sin(t)+y(D))），t，ε+δ，δ，（-ε）/5）"。标注 0 到 250 范围刻度线。

"序列（文本（50（-t+δ+ε）/ε，（0.8a cos(t)+x(D)，0.8a sin(t)+y(D))），t，ε+δ，δ，（-ε）/5）"。标注 0 到 50 范围刻度线。

拖动圆弧可移动位置，再微调圆弧两个端点与圆心的位置即可。如图 19-26 所示。

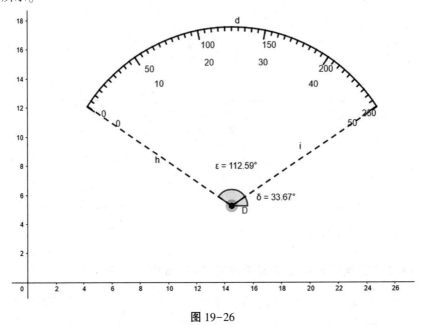

图 19-26

第 20 章　制作多页课件

以数与形结合见长的 GeoGebra 制作课件的能力不是太强，更多的时候是作为积件被其他课件调用。

可以利用 GeoGebra 的"图层"功能制作多页课件。GeoGebra 有 10 个"图层"，可以制作 10 个页面组成的课件。制作方法是通过"图层"的隐藏与显示实现页面转换，借助按钮功能可以实现交互。

下面用十二生肖的图片制作一个简单的演示课件，学习如何实现"图层"的显示与隐藏，如何制作交互按钮。需要用到两个指令："显示图层"与"隐藏图层"。

20.1 GeoGebra 的图层

在坐标系内的几何对象上点击鼠标右键，系统会弹出它的属性设置菜单。在菜单的"高级"标签下的"图层"下拉框中，可选择将该几何对象放在序号为 0～9 的任意图层中。如图 20-1 所示。

图 20-1

20.2 制作课件的交互按钮

20.2.1 交互按钮所在图层的设置

可将"交互按钮"在每一层做相同的设置，也可将这些按钮放置在同一图层，如第 9 图层，并将第 9 图层设置为"始终显示"。如图 20-2 所示，把每个按钮都设置为在第 9 图层。

| 12生肖 | | 子鼠 | | 丑牛 | | 寅虎 | | 卯兔 | | 辰龙 | | 巳蛇 | | 午马 | | 未羊 |

图 20-2

20.2.2 交互按钮的脚本

"12 生肖"控制显示第 0 图层。如图 20-3 所示，在脚本输入区输入：

显示图层（0）

显示图层（9）

隐藏图层（1）

隐藏图层（2）

隐藏图层（3）

隐藏图层（4）

隐藏图层（5）

隐藏图层（6）

隐藏图层（7）

隐藏图层（8）

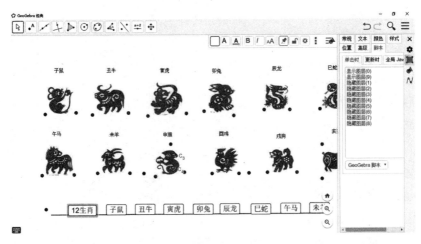

图20-3

在"12生肖"按钮输入上述脚本后,点击"12生肖"按钮,坐标系显示的就是第 0 图层和第 9 图层。将 12 生肖的图片导入第 0 图层,每一张图片都要在属性菜单中设置放在第 0 图层,如图 20-4 所示。

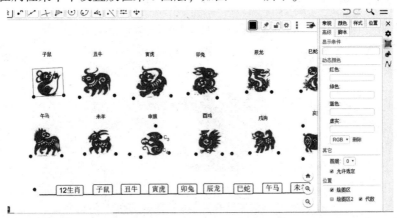

图20-4

"12生肖"按钮控制的是显示第 0 图层,点击该按钮,凡是放在第 0 图层的几何对象都能显示出来,放在第 1 至 8 层的几何对象都是隐藏的。

同理设置"子鼠"按钮,用脚本控制其功能是显示第 1 图层与 9 图层,隐藏其他图层。点击该按钮后坐标系显示的是第 1 图层,将子鼠的图片导入第 1 图层并设置该图片的位置也是第 1 图层。

依次再设置其他几个按钮,分别显示第 2 层至第 8 层,同时显示第 9 图层。

20.3 运行结果

点击"12 生肖"按钮，显示结果如图 20-5 所示。

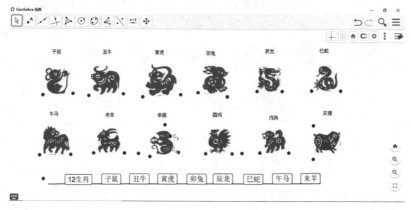

图 20-5

点击"子鼠"按钮，显示结果如图 20-6 所示。

图 20-6

点击"丑牛"按钮，显示结果如图 20-7 所示。

图 20-7

点击"寅虎"按钮，显示结果如图 20-8 所示。

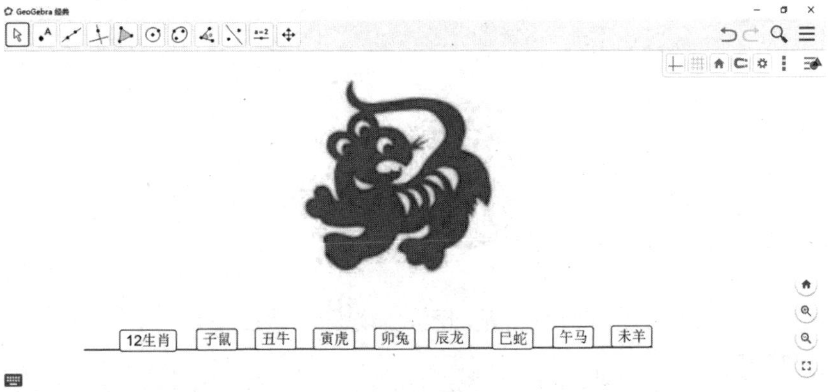

图 20-8

点击"卯兔"按钮，显示结果如图 20-9 所示。

图 20-9

点击"辰龙"按钮，显示结果如图 20-10 所示。

图 20-10

点击"巳蛇"按钮，显示结果如图 20-11 所示。

图 20-11

点击"午马"按钮，显示结果如图 20-12 所示。

图 20-12

点击"未羊"按钮，显示结果如图 20-13 所示。

图 20-13

上例中，用一个图层放置"交互按钮"，其他 9 个图层制作了 9 个页面，放置各种几何对象。显示一个页面时，其他页面隐藏，实际上就是让 GeoGebra 选择显示的特定对象。

20.4 播放声音

课件中有时需要背景音乐，有时需要直接输出声音效果。GeoGebra 也提供了声音播放功能。播放声音指令使用格式如图 20-14 所示。

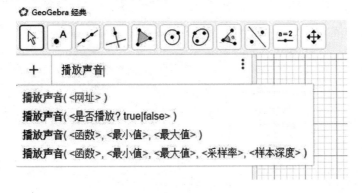

图 20-14

播放声音可以播放给定网址的声音文件，也可以播放一个函数的声音。如 $f(x) = \sin(2\pi f * x)$，f 即为播放时声音的频率。

更丰富的声音功能与音符编号，读者可以登录 GeoGebra 官网去查询。

第 21 章　设置几何对象的颜色

21.1 坐标系背景颜色设置

为了图形对比突出或者美观的需要，经常需要改变坐标系的背景色，GeoGebra 提供了背景颜色设置的功能。

21.1.1 通过工具栏设定

不选定任何几何对象，在坐标系右上角点击坐标系设置图标"⚙"会弹出属性设置菜单。在"常规菜单"的"其他"栏目设置中，有"背景色"设置选项。如图 21-1 所示。

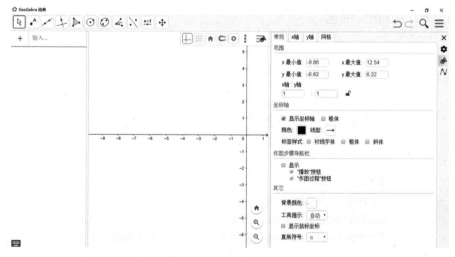

图 21-1

点击"背景色"右侧的小色块会弹出定制颜色备选框，选择合适的背景颜色确定即可。每种颜色都有一个编码，对一般使用者来说了解即可。如图 21-2 所示。

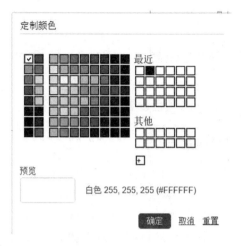

图 21-2

21.1.2 通过指令设定

用右下角的软键盘调出指令帮助栏。如图 21-3 所示。

在指令栏中找到"脚本"指令集，点击打开其下拉菜单，找到"设置背景颜色"，点击"设置背景颜色"，左侧栏目即出现用指令设置背景色的指令规则。

图 21-3

比如在代数输入区输入"设置背景颜色（"blue"）"，坐标系的背景色就变成了蓝色。也可以输入指令"设置背景颜色（0.1, 0.1, 0.1）"，用 0 到 1 之间的数字控制红、绿、蓝三色形成背景色。

21.2 几何对象颜色设置

21.2.1 几何对象的静态颜色设置

21.2.1.1 在工具栏中进行设定

例如在坐标系中建构一个圆，设置这个圆的颜色。

点击坐标系右上角的"ΞΔ"，展开隐藏工具栏。若已经是展开状态，则跳过这一步。默认状态下，工具栏显示的是坐标系的设置工具。如图21-4所示。

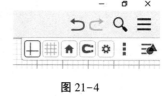

图 21-4

点击坐标系中已经建构好的圆，上图的工具栏就会变成圆的设置工具。如图21-5所示。

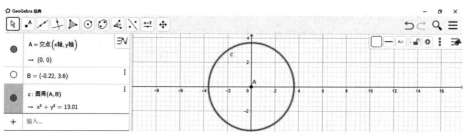

图 21-5

右上角工具栏最左边的方框即为几何对象颜色设置区域，点击这个小方框即可弹出定制颜色选择框，选择合适的颜色，确定即可。如图21-6所示。

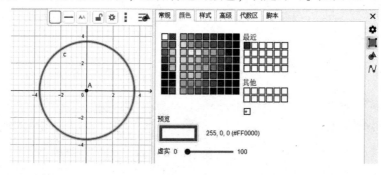

图 21-6

21.2.1.2 在属性菜单中设置

在圆上点击鼠标右键，在弹出的属性设置菜单中，点击"设置"，通过"颜色"选项去设定。如图 21-7 所示。

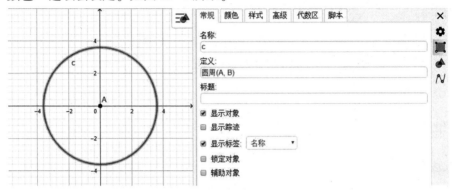

图 21-7

21.2.2 几何对象的动态颜色

几何对象的颜色也可通过变量实现动态变化，举一个简单的例子说明。利用上述建构的圆形，颜色格式在 RGB 模式下，让圆形的颜色动态变化。如图 21-8 所示。

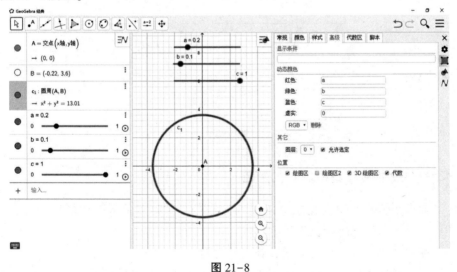

图 21-8

建构三个滑动条 a、b、c。按规则要求，滑动条的数值变化范围都设置 0 到 1，控制红、绿、蓝三种颜色。

在圆弧上点击鼠标右键，在弹出的属性设置菜单中点击"设置"，通过

"高级"选项点出"动态颜色"输入框，在红色、绿色、蓝色后的输入框中分别输入 a、b、c。

通过滑动条 a、b、c 的调节就可以改变圆弧的颜色了。如果启动滑动条的动画，圆弧的颜色就会一直动态变化。

21.3 利用指令设置几何对象颜色

利用指令设置颜色显示条件，从而动态控制几何对象的颜色。这也是常用的颜色设置方法。

还是以上述在坐标系中建构的圆为例，让圆上的附着点的颜色受到显示条件的控制。

21.3.1 在圆上建构一个点 C

启动动画后，它可以在圆弧上做圆周运动。如图 21-9 所示。

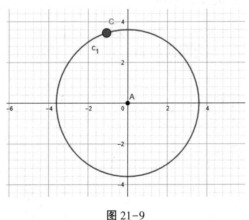

图 21-9

21.3.2 指令设置小球 C 的颜色

要求小球 C 在第一象限时的颜色为红色，在第二象限时的颜色为绿色，在第三、四象限时的颜色为黑色。

在 C 小球上点击鼠标右键，弹出属性对话框。

点击"脚本"，从中选择"更新时"选项，在其下方的脚本输入框中输入"设置颜色（C,if($x(C)>0 \wedge y(C)>0$, "red", $x(C)<0 \wedge y(C)>0$, "green", "black"))"，指令的含义是设置几何对象圆 C 的颜色。如果 C 的横坐标与纵坐标都大于零，即 C 在第一象限，C 的颜色设置为红色。如果 C 的横坐标小于零且纵坐标大于零，即 C 在第二象限，C 的颜色设置为绿色，其他情况 C 的颜色设置为黑色。如图 21-10 所示。

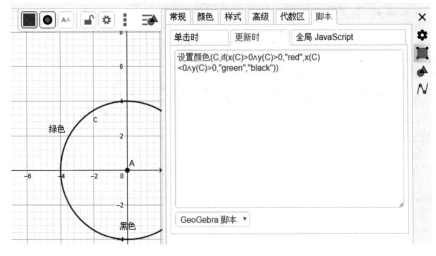

图 21-10

启动 C 的动画，C 的颜色就会按要求不断变化。

21.4 利用下拉框选择定制的颜色

在列表内容的学习中，我们简单学习过下拉框的使用，下拉框可以将一个列表的元素以下拉框的形式呈现在坐标系中。

本节试着建构一个颜色列表，通过选择下拉框中的定制颜色对几何对象进行颜色设置。

21.4.1 构建一个正多边形

构建如图 21-10 中的正多边形 p。

21.4.2 建构一个颜色列表

在代数输入区输入指令 "{"选择颜色","green","red","yellow","blue","black","orange"}"。标题命名为"颜色"，勾选"显示下拉菜单"。如图 21-11 所示。

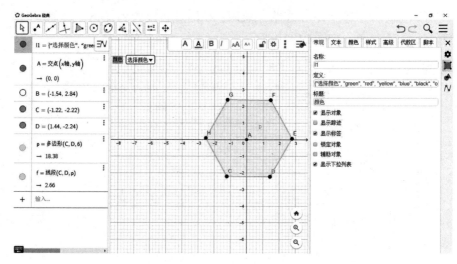

图 21-11

21.4.3 设置下拉菜单元素控制多边形的颜色

在下拉菜单上点击鼠标右键，在弹出的属性设置菜单中点击"设置"，在"脚本"菜单中"更新时"的脚本输入框中输入"if(selectedindex(l1)>1, setcolor(p, element（l1, selectedindex(l1))))"，指令的含义是对几何对象 p 设置颜色，如果不是选择第一个元素，选第几号元素，就将多边形 p 设置成相应序号元素对应的颜色。第一个元素是提示文本，不参与颜色设置。如图 21-12 所示。

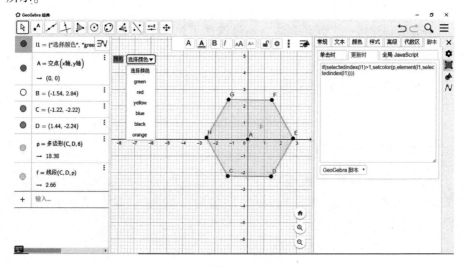

图 21-12

第 22 章　自定义工具的制作

GeoGebra 是具有 STEM 理念的应用软件，可以应用在数学、物理、化学、工程等多个领域。为了能够在各个领域更好地进行支持，GeoGebra 支持自定义工具，可以让使用者创建自己领域内的专用工具，实现软件应用的个性化与专业化。

22.1 调出"自定义工具"功能

点击右上角的"≡"图标，在菜单栏中有"新建工具"功能。如图 22-1 所示。

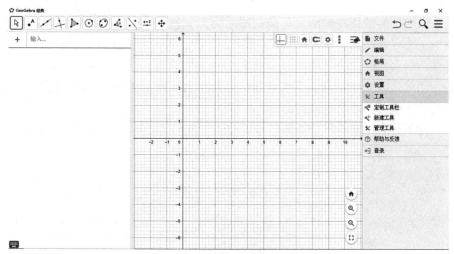

图 22-1

点击"◁ 新建工具"栏，系统会弹出"新建工具"设置对话框。如图 22-2、图 22-3、图 22-4 所示，有"输出对象""输入对象""名称与图标"三项设置。

在"输出对象"设置中，可以选择使用该自定义工具后，要输出什么对象，比如输出一个圆或者一个三角形或者一组图形等。

在"输入对象"设置中，可以选择自定义工具用什么输入对象去实现功能，比如选定该自定义工具后，在坐标系中构建两个点去实现或者画一条线段去实现等。

图 22-2   图 22-3   图 22-4

在"名称与图标"中可以定义该自定义工具的名称和指令，不想用系统默认的图标也可以使用自定义的图标。

22.2 构建自定义工具——斜面

以典型的滑块在斜面上运动的图示为例，创建一个"斜面"工具。要求输入三个点就能在坐标系中创建如图 22-5 所示的图形，而且要求斜面的倾角可调。斜面上的滑块只能由一个点来控制，如 D 点，这样要求的原因是滑块的运动就是 D 点的运动，研究斜面的运动时利用数学关系控制 D 点即可。这个例子在前面的章节里面讨论过。

为了让大家能够理解掌握，分步把这个自定义工具创作的过程展现出来。

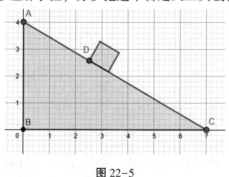

图 22-5

22.2.1 制作斜面及斜面上的滑块

利用多边形工具"▷"，创建三角形 ABC，这个三角形就是我们要的斜面。

22.2.2 制作斜面上的滑块的控制点

在斜边 AC 上创建一个点 D，这个点就是斜面上滑块的控制点，要以 D 点为中心，创建滑块。

22.2.3 制作滑块

利用关系线中的垂线工具"⊡"，过 D 点作 AC 的垂线，如图 22-6 中的直线 f，在直线 f 上合适的位置创建一个点 E。

利用关系线中的平行线工具"⊡"，过 E 点作线段 AC 的平行线，如图 22-6 中的直线 g。

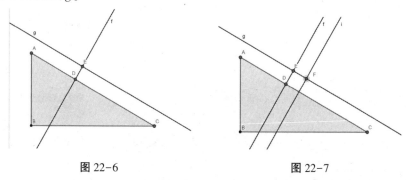

图 22-6　　　　　　　图 22-7

在直线 g 上合适的位置构建点 F，点 F 在 E 点右下方。利用关系线中的垂线工具"⊡"过 F 点作线段 AC 的垂线，所得垂线如图 22-7 中所示的直线 i。

利用"点工具"中的交点工具"⊡"得到线段 AC 与直线 i 的交点 G。利用多边形工具"▷"顺序连接点 D、E、F、G、D，得到四边形 $DEFG$。如图 22-8 所示。

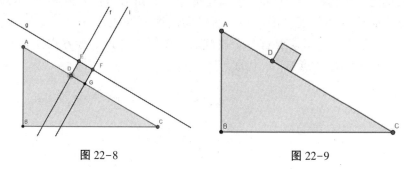

图 22-8　　　　　　　图 22-9

四边形 *DEFG* 就是我们创建的滑块，*D* 点可以控制其在线段 *AC*（即在斜面）上的运动，*E* 点和 *F* 点可以控制滑块的边长，隐藏辅助的几何对象或者几何对象的标签，如图 22-9 所示。

至此就完成了斜面和斜面上滑块的制作，斜面上的滑块受到 *D* 点的控制。

通过上述的制作过程，能感受到这个模型的构建还是比较烦琐的。如果能制作一个工具，像画线段一样，鼠标点两下就能把这个图制作出来就好了。自定义工具就可以让我们一劳永逸，迅速把常用的复杂物理模型构建出来。

22.2.4 创建"斜面"自定义工具

点击右上角"≡"图标，之后在弹出的菜单中点击"新建工具"，如图 22-10 所示。

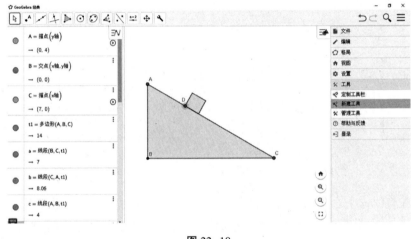

图 22-10

在"新建工具"对话框中设置"输出对象"，如图 22-11 所示，展开备选几何对象的下拉框，构建的所有几何对象都能通过自定义工具输出到坐标系中。

目的之一是构建一个斜面，所以要选择"三角形 t1：多边形 A，B，C"；目的之二是要构建斜面上的滑块，所以要选择"四边形 q1：多边形 D，E，F，G"；目的之三是滑块要有一个控制点，以便通过指令等方式控制滑块的运动，所以要选择"点 D：b 上的点"。

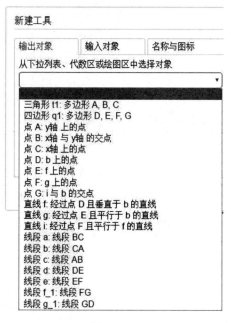

图 22-11

点击这三个对象即可将它们设置为自定义工具的输出对象，如图 22-12
所示，点击"后一个"进入输入对象设置。

图 22-12 图 22-13

输入对象设置。展开备选几何对象的下拉框，可选择点 A，点 B，点 C 三
个作为输入对象，意思是当启用这个自定义工具时，依次输入三个点就可以
把斜面与滑块输出到坐标系中了，如图 22-13 所示。点击"后一个"进入
"名称与图标"的设置。

在"工具名称"中给这个自定义工具起一个容易理解的名字，比如"斜

面"。

在"指令名称"中给这个自定义工具起一个容易理解的指令，比如"斜面"。这个指令就像软件内建的指令一样，可以直接在代数输入区输入指令，建构这个斜面与滑块几何模型。

在"工具帮助"中设置自定义工具使用规则，以备使用者调用时查询。如输入"斜面（点 1，点 2，点 3）"。

如图 22-14 所示。

图 22-14   图 22-15

设置图标：勾选"在工具栏中显示"，点击"图标..."按钮，选择一个合适的图片文件作为自定义工具的图标，如图 22-15 所示，确定后点击"完成"按钮。

回到工具栏，就可以看到自定义的工具"斜面"出现在工具栏上了，如图 22-16 所示。

图 22-16

22.3 自定义工具"斜面"的功能测试

选择工具栏中的自定义工具"斜面"，在坐标系中的任意三个位置依次点击鼠标左键构建三个点，就可以构建一组斜面滑块几何模型。

如图 22-17 所示，斜面的三个顶点可以任意按照需要调节位置，滑块的控制点可以控制滑块的移动。

几何工具作图法测试成功。

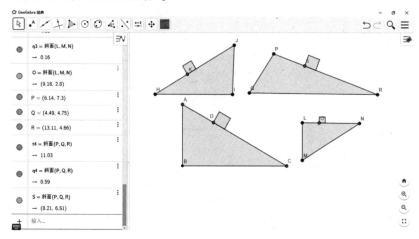

图 22-17

指令作图测试：在代数输入区，我们按照刚才的指令设定的格式，"斜面（点 1, 点 2, 点 3）测试该指令。

构建三个点：利用"点工具"在坐标系中合适位置构建三个点，如图 22-18中的 H, I, J 三个点。

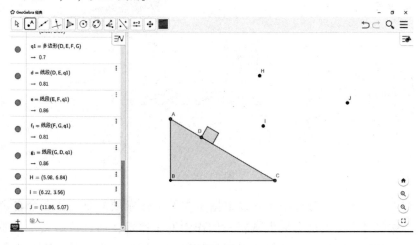

图 22-18

在代数输入区输入"斜面（H, I, J)，在坐标系中会出现一组斜面滑块几何模型。按照自定义工具设置的"对象输入"定义，滑块的位置应该是在第

一个点 H 与第三个点 J 构成的线段 HJ 上。如图 22-19 所示。

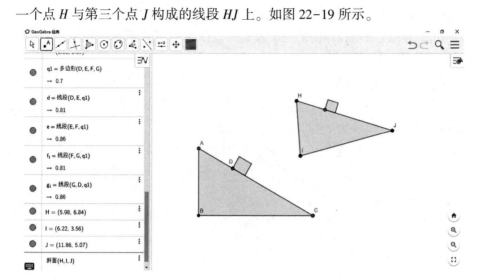

图 22-19

若在代数输入区输入"斜面（H, J, I）"，则滑块应该出现在线段 HI 上。如图 22-20 所示。

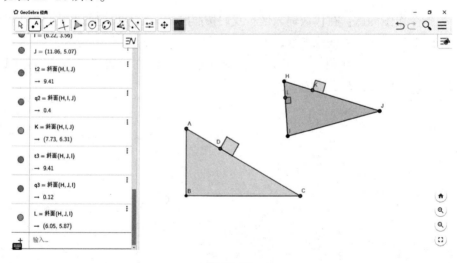

图 22-20

在工作、学习的过程中，可以根据所在的工作领域需要制作多个自定义工具，这些自定义工具会大大减轻我们作图的工作量，而且自定义工具还能共享。如图 22-21 所示，选择"另存为"可存储该自定义工具，工具文件的扩展名是".ggt"，该工具文件就可以被调用了。若希望每次开启新 GeoGebra 文件时，该工具都出现，只需在该工具文件的"选项"菜单中选择"保存设置"即可，读者可以自行尝试。

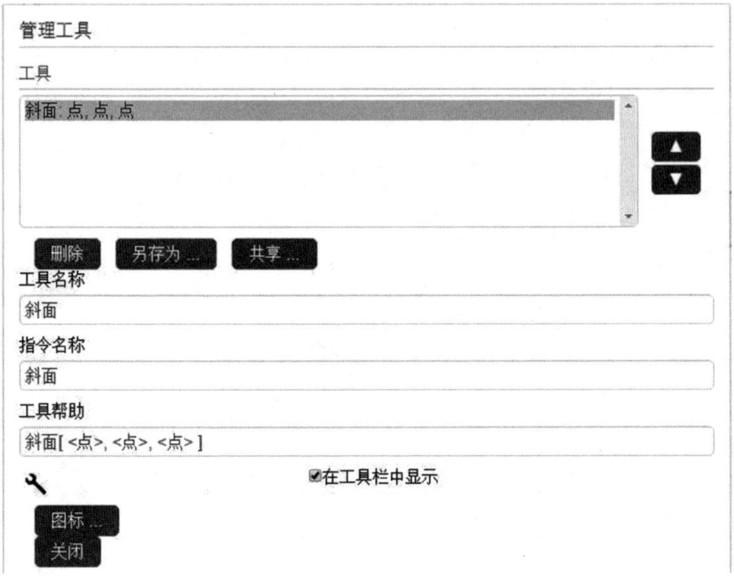

图 22-21